海上溢油生态损害的经济补偿研究

吴清峰 著

復旦大學出版社

序

近代历史证明，得海洋者得天下。然而，今日的海洋对于各国的意义已经不再仅仅意味着食物来源和新航线的开辟，而已经成为一个国家重要资源的来源地。随着陆地可供开采资源的日益稀缺，人类的目光越来越多地聚焦在占地球表面近71%的海洋上。海底石油和矿产品的开采、海水淡化、海洋化工等行业的产值在各国GDP中的比重日益上升。随着海洋开发的逐步加剧，海洋生态环境保护问题越来越受到各国的关注。

在现有的各种海洋污染中，海上溢油污染所造成的海洋生态损害是最为严重的。例如，2010年墨西哥湾溢油事件和2011年的渤海湾溢油事件对当地的海域所造成的生态损害是灾难性的。虽然在海洋生态损害发生之后，采取及时、恰当的措施能够有效缓解海洋生态损害，但是，无论是采取缓解海洋生态损害的措施还是后续的生态修复，都依赖于资金的投入。有鉴于此，原政府间海事协商组织（国际海事组织前身）通过了一系列的公约成立了国际油污赔偿基金（IOPC Funds），为油轮所导致的海上溢油污染的治理提供一定程度的资金支持。2015年6月，中国船舶油污损害赔偿基金管理委员会在北京成立，这标志着中国船舶油污损害赔偿进入了一个新阶段。

海上溢油生态损害的经济补偿是溢油污染处理和生态修复的先决条件，没有足够的资金，无论是油污处理还是生态修复都将无法实施。但是，每次溢油污染生态损害所需的经济补偿额到底是多少，往往成为各方争议的焦点。由于各方很难在极短的时间内达成协议，所以海上溢油污染损害的生态修复时常因为资金的缺失贻误了最佳修复时机，有时甚至导致污染的进一步蔓延和次生灾害的发生。

本书是在作者博士论文基础上经过修订后的学术成果。由于海上溢油污染损害经济补偿问题属于较为冷僻的研究方向，可以借鉴的研究成果相对较少，所以在选题初期，作为指导老师的我和论文指导小组其他老师在确定选题时陷入了矛盾的心态，一方面我们要鼓励学生啃难题，研究新问题，但另一方面也有一些担忧，这份担忧主要源自三个方面。第一，理论的适用性问题。传统研究污染和海洋问题通常采用外部性理论和公共物品理论，前者是经济理论中最难琢磨的理论之一，而后者则是目前最为复杂的理论之一，而海上溢油污染问题则交织着外部性和公共资源问题，因此，无论使用哪种理论来分析这个问题都会受到来自另一种理论的“攻击”，如果同时使用两个理论，作者很有可能陷入理论梳理的“乱麻”堆中而无法自拔。第二，案例搜集与整理问题。到目前为止，全世界并没有一个统一的海上溢油的案例库，所有的案例需要作者自己搜集与整理，这将是非常浩大的“工程”，对于当下的研究生教育状况来说，机会成本有可能非常高昂。第三，成果的关注度问题。虽然海上溢油生态损害的经济补偿问题一直困扰着理论界和实践部门，但是国内外的研究者却是少之又少，极少研究者愿意关注如此冷僻而又困难重重的领域。面对我和导师组的既鼓励又担忧的双重心态，作者却表示了宁可承担研究失败的风险，也要在这方面研究上有所尝试的决心。

做学问需要耐得住寂寞，方能体会其中之韵味。王国维在《人间词话》中曾写道:“古今之成大事业、大学问者，必经过三种之境界。‘昨夜西风凋碧树，独上高楼，望尽天涯路’，此第一境也。‘衣带渐宽终不悔，为伊消得人憔悴’，此第二境也。‘众里寻他千百度，蓦然回首，那人却在灯火阑珊处’，此第三境也。”本书的作者也许最能体会王国维先生的这段话。从 2012 年开始，到 2016 年论文顺利通过答辩，仅仅 10 多万字的博士论文，作者竟耗费了 5 年多的时间。在这 5 年多的时间里，作者通过各种方式查阅了近 1 000 起中大型海上溢油事故，根据可靠性和真实性原则，作者最终选取了近 600 起中大型海上溢油事故作为研究对象。这可能是目前国内外最为详实可靠的关于油轮的中大型海上溢油事故记录。

作者的目的是期望通过本研究寻找一种评估海上溢油污染生态损害经济补偿额的快捷方法,或者说是寻找一种能够适用于不同海上油污损害赔偿的模型工具,从而避免补偿不足或者过度补偿问题。

本书从理论、实证和应用三个方面研究了海上溢油生态损害经济补偿问题。

在理论部分,作者没有使用传统的外部性理论和公共物品理论,而是使用了生态系统服务价值理论,将海上油污损害赔偿看作对海洋生态系统服务价值损失的经济补偿,从而避免了外部性理论和公共物品理论中可能出现的受损主体界定的问题。

在实证部分,作者首先使用灰色关联分析方法分析了影响海上溢油生态损害经济补偿主要因素,通过分析得出船东责任限额和溢油量是其主要影响因素的结论。在甄别出主要影响因素的基础上,作者从理论上构建了生态系统服务价值函数并提出了5个推论。在生态系统服务价值函数的基础上,作者使用IOPC Funds近40年来处理的82个大中型海上溢油赔偿案例,通过逐步回归法建立了预测海上溢油生态损害经济补偿额的回归方程。而该回归方程也与理论推导相一致,因此,该回归方程可以作为评估海上溢油生态损害经济补偿额,或者说评估设立油污损害赔偿基金规模的模型工具。

在理论和实证的基础上,作者运用本书所推导的方程对IOPC Fund正在处理的5起事故的最终赔偿额进行了测算。同时,作者对中国处理海上油污事故经济补偿问题提出了一些看法和建议,期望中国能够更好地处理本国海域所发生的海上溢油污染事故,保护好海洋生态环境,实现中国海洋的可持续发展。

中国的海洋经济发展战略已经成为国家整体经济发展战略的重要内容。早在2008年,国务院在《国家海洋经济发展规划纲要》中明确提出了建设海洋强国的目标,在“十二五”发展规划纲要中又第一次将发展海洋经济提高到与改造提升制造业、培育战略性新兴产业、发展服务业同等的战略位置。作为研究海上溢油生态损害经济补偿的经济类著作,作者期望本书的出版能够起到抛砖引玉的作用,吸引更多的研究者关注海上溢油污染生态损害的经济补偿问题。

诚然，本书仍然存在一些不足之处，如本书缺乏对小型海上溢油污染事故的关注，忽略了贴现率对经济补偿额的影响等。无论如何，本书作者在论文写作期间的努力和尝试研究新领域问题的精神还是值得肯定的。作为作者的博士生导师，我非常乐意为本书作序。和作者一样，我也非常乐意看到更多的研究者能够关注这个相对比较冷僻的领域。同时，也期望相关的研究者对本书中的不足给予批评指正。

复旦大学经济学院教授，博士生导师　唐朱昌

2017 年 6 月于复旦大学

前　言

海洋作为世界上最大的公共资源，为人类的活动提供了强有力的支撑。但是，随着人类活动的扩展，人类活动导致的海洋污染状况越来越严重，良好的海洋生态系统变得越来越稀缺，人类对海洋环境的关注是伴随海洋生态系统服务功能下降而兴起的。20世纪初，由于海洋渔业过快的发展，海洋渔业资源开始枯竭，研究者开始研究导致海洋渔业资源枯竭的内在机理并寻找解决问题的对策。但一系列的研究结果在阻止渔业资源枯竭方面所取得的成果是令人沮丧的，1968年，哈丁《公地的悲剧》的发表揭示了导致海洋资源枯竭的内在机理，即海洋作为世界上最大的公共资源因不具有排他性和竞争性，理性人追求自身利益最大化的过程必然导致海洋渔业资源的枯竭，而在传统的市场经济理论下，除非实行彻底的私有化，否则海洋渔业资源枯竭将是无法避免的“悲剧”。在海洋渔业出现枯竭趋势的同时，海洋污染也在加剧。随着海上石油开采和运输量的迅速增加，海上溢油成为海洋污染的最重要的来源之一。

当面临生存威胁时，人类并非束手待毙，各国开始从理论和实践两个方面探讨海洋污染治理问题。

理论上，传统的外部性理论在海洋污染治理方面侧重于强调人的因素，无论是经济补偿还是对人行为的限制都强调的是对经济人经济利益的保护和协调，侧重于短期分析，忽略了整个生态系统服务功能对人类的长期支撑作用。传统理论指导下的海洋污染治理导致的“头痛医头脚痛医脚”现象促使研究者开始寻找新的海洋污染治理理论，这促进了生态系统服务价值理论的出现。经济学家开始尝试通过运用生态系统理论来解决污染问题，即将污染看作对整个生态系统的损害，而不仅仅是某项经济活动的负外部性问题，从而避免补偿不充分问题。

实践中，通过国家间的合作形成一系列公约是解决海洋生态损害经济补偿问题的重要途径。海上溢油污染治理需要巨额费用，这种费用最终应该由谁负担一直是一个具有争议的问题，由于海洋公共资源的特性，任何海上活动者对海洋都不拥有产权，那么，通常海上溢油导致的海洋生态损害的补偿只能依靠政府财政支出，这不仅增加了政府财政的负担，而且导致补偿不充分问题。1967 年，Torrey Canyon 号油轮溢油为国际社会合作开展海洋污染治理问题提供了契机，在政府间海事协商组织（国际海事组织的前身）协调下，《1969 年国际油污损害民事责任公约》和《1971 年设立国际油污损害赔偿基金公约》先后通过，为解决海洋生态损害经济补偿提供了一种新的途径。

本书从生态系统服务价值角度分析了海上溢油生态损害经济补偿问题，全文共分七章：

第 1 章：绪论。主要分析文章写作的背景、目的、意义、切入点、创新与不足之处，同时对本书中使用的一些专有名词的内涵和外延进行了界定。

第 2 章：海洋污染损害经济补偿理论的变迁：文献综述。本章主要对已有的关于海洋污染损害经济补偿的相关研究进行了梳理和评析。本章首先分析了作为传统的环境治理理论基础的外部性理论和公共物品理论在被应用于海上油污损害的经济补偿时所面临的局限；其次分析了新的海洋污染经济补偿理论——生态系统服务价值理论的发展脉络、基本思想及在海洋污染治理研究中的应用。

第 3 章：海上溢油污染事故及其经济补偿情况分析。本章以 1960—2015 年之间海上发生的 464 起大中型溢油事故为例，分析了 50 多年来海上溢油事故的基本情况及其表现出来的一些特点；并以 IOPC Funds 处理的海上溢油事故为基础分析了国际上海上油污损害经济补偿的基本情况及其在补偿规则、时间成本、补偿额等方面表现出的一些特点。

第 4 章：海上溢油生态损害经济补偿的决定因素分析。海上溢油事故发生后，海域生态损害的状况决定于诸多因素，如溢油量、油品、溢油位置、污染面积、海域使用状况、海域生态敏感度等。对海上溢油导致的生态损害进行经济补偿作为一种事后的应急措施，不仅要考虑海域生态损害的状况，而且要考虑到事故各方的经济承受能力,即海上溢油生态损害经济补偿是既考虑生态保护又考虑经济发展的一种均衡行为。因此,在分析海上溢油生态损害经济补偿决定因素时,既要分析决定海域生态损害的因素,又要分析影响事故方责任承担的影响因素。本章运用灰色关联分析法甄别了影响海上溢油生态损害经济补偿的主要决定因素。

第5章:海上溢油生态损害经济补偿的理论模型的构建。由于目前缺乏关于海上溢油生态损害经济补偿测算的理论,本章试图在前人研究海洋经济的基础上构建一个海洋生态损害经济补偿的理论模型,并根据模型提出了五个推论。

第6章:海上溢油生态损害经济补偿的实证分析。本章选择了 IOPC Funds 处理的 82 起中大型海上溢油事故案例,用逐步回归分析法分析了海上溢油生态损害经济补偿额与第4章甄别出的主要决定因素之间的关系,建立了补偿额与责任限额、溢油量之间的最优和备选方程,并分析了实证与理论之间的关系:认为实证模型是能够验证理论模型的,理论模型具有较好的普适性;而理论模型也能够为实证分析提供一定的理论支撑,实证模型可以为快速评估海上溢油生态损害经济补偿提供参考。

第7章:结论及启示。首先,本章对全文进行了总结,归纳了两条主要结论;其次,使用本书推导出的模型对 IOPC Funds 正在处理的海上溢油事故的最终补偿额进行了预测;最后,基于全文的分析总结出对中国的三点启示。

目　录

第1章 绪　论

人类日益频繁的海上活动给海洋带来了不利影响，如海洋污染，生物多样性下降，海洋生物栖息地面积减少，海洋底土遭到破坏等。相比于陆地，经济学家对人类活动引起的海洋变化的关注不仅要晚，而且关注度要低得多，这可能是由于海洋和海上活动的特点导致的。众所周知，海洋是世界上最大的公共资源，而海上活动具有很强的外部性。公共资源特性和外部性特点的结合使已有的建立在私人产权和交换基础之上的传统市场经济理论在分析人类海上活动对海洋生态环境影响时遇到了难题。

1.1 选题的背景

联合国《21世纪议程》认为，“海洋环境——包括大洋和各种海洋以及邻接的沿海区域——是一个整体，是全球生命支持系统的一个基本组成部分，也是一种有助于实现可持续发展的宝贵财富。”[①]为此，各国都制定了或者正在制定本国的海洋战略[②]。随着海洋资源开发活动日益频繁，四个方面的问题促使研究者开始关注海洋生态环境。第一，陆地资源开发导致的生态环境问题使研究

① 参见联合国《21世纪议程》第17章第1条 http://www.un.org/chinese/events/wssd/chap17.htm。

② 20世纪末和21世纪初，各滨海国家都在制定本国的海洋战略以指导本国的海上活动，如澳大利亚1997年就制定了《澳大利亚海洋产业发展战略》；俄罗斯在2001年颁布《2020年前俄罗斯联邦海洋学说》，2010年又通过了《2030年前俄罗斯联邦海洋发展战略》；美国2007年和2015年先后发布了两个《21世纪海权合作战略》报告；日本于2012年颁布《海洋基本计划大纲》；2015年中国国务院发布《全国海洋主体功能区规划》，而其他国家如加拿大、英国、韩国等也都制定了本国的海洋战略。

者担心各国海洋的开发使海洋生态环境重蹈陆地生态环境的覆辙，出现“先开发再治理”问题和“重开发轻保护”问题。第二，从产权角度来说，大部分陆地资源的“产权”界定都非常明确，其“所有者”或者是私人，或者是政府；但大部分的海洋资源并无“产权”，是世界上最大的公共资源，公共资源的特性使人类在开发海洋资源时更加倾向于开发而疏于保护，海洋生态系统更加容易遭受破坏，导致“公地悲剧”①。第三，人类对海洋资源的开发和利用已经暴露了一些问题，并且这些问题变得日益严重，如海洋污染、生物多样下降、海洋栖息地减少等。第四，传统环境治理的经济手段的适用性问题，如庇古税、产权界定、可转让的排污许可证等手段是否适合海洋生态系统保护。这些手段的出发点是在尊重市场规律的前提下，通过市场机制达到既保护环境又不破坏市场效率的目的。但这些手段通常在一国范围内实施，如果突破了国界，在涉及全球的生态系统保护方面是否仍然适用则有待商榷，如目前实施的碳税，各国对其看法并不一致。毕竟，任何国际公约都必须被国内“私法”承认才能对该国产生约束力，一旦某国感受到国际公约会损害到本国某方面的利益，往往对国际公约采取置之不理的态度，这从许多国际公约从制定到实施的漫长经历可以看出来②。

从1960年代开始，经济学家开始突破传统的研究方法，考虑到传统环境保护重局部轻整体、“头痛医头脚痛医脚”的弊端，开始将生态系统概念引进经济学，提出生态系统管理理论，希望对传统的环境经济学进行改造。但随着世界经济形势在20世纪七八十年代的急转直下，生态经济学的研究基本陷入停滞。进入1990年代，在生态系统生态学家和主流环境经济学家的共同努力下，生态系统经济理论的研究重新发展起来。进入21世纪后，生态系统管理方法的应用取得了长足的进步，而海洋的公共资源和外部性特点导致海洋经济学家对生态系统管理方法“情有独钟”。海洋生态系统经济学的研究兴起于海洋渔业研究领域，兴盛于海上污染治理领域，尤其是海上溢油污

① “公地悲剧”是国内学者根据1968年哈丁教授“the Tragedy of the Commons”论文内容翻译的结果。其实，the Commons所指的范围较广泛，并不仅仅局限于论文中举例的公共草场。因此，“公地悲剧”被广泛地用来指那些不拥有私人产权的物品、资源等因理性人的经济活动所导致最终无法避免的耗竭的结果。

② 如1982年的《联合国海洋法公约》到1994年才生效，而美国迄今为止仍然没有批准该公约。

染研究领域。

海上溢油事故是海上泄漏事故的主要组成部分，也是海洋生态损害的最主要来源之一。1907 年 Thomas W. Lawson 油轮在英国锡利群岛（Scilly Islands）触礁沉没，船上所载 58 000 桶（约 7 900 吨）液态石蜡油（light liquid paraffin oil）全部泄漏到海中。自 Thomas W. Lawson 油轮发生海上溢油事故以来，仅国际油轮船东防污联合会（International Tanker Owner Pollution Federation，简称 ITOPF）记录的 1970—2014 年的海上溢油事故就高达 9 678 起，小型事故占据总溢油事故的 81.3%，大中型事故约为 1 814 起，占 18.7%[①、②、③]。同样，2010 年墨西哥湾溢油事故导致的海洋生态灾难引起的全世界对溢油的"恐慌"至今仍未消除。而中国 2010 年大连新港溢油和 2011 年渤海湾溢油事故更是使中国的黄海和渤海生态系统受到致命的损害，甚至有研究者在渤海湾溢油事故后称，渤海湾将会成为"死海"。

海上溢油事故之所以会引起世界性关注主要有三方面原因：一是人类对海洋关注度的日益提高，良好的海洋生态系统已经成为一种稀缺资源；二是海上溢油事故导致的生态损害的后果较为严重，如大型海上溢油事故导致的海洋生态损害可能在十几年甚至几十年内才能够恢复；三是海上溢油事故造成的污染波及的面较广，有时一片海域发生溢油事故，多个国家的海洋会受到污染损害。

海洋生态系统具有的一大特点是，当污染损害发生后，如果生态系统能够获得及时充分的补偿，其大部分服务功能能够恢复到初始水平。但是，海洋生态系统作为一种公共资源，不可避免会面临"公地悲剧"问题。因此，当污染损害发生后，海洋生态系统补偿问题便成为首要问题。海洋生态系统补偿包括两个方面：一是实物补偿，如清除污染物、对受损的物种进行增殖放流、建立临时生物栖息地等；二是经济补偿，即依据生态系统服务价值受损程度为受害主体

① 国际上把大于 700 吨的溢油称为大型溢油事故，小于 7 吨的称为小型溢油事故，7—700 吨的称为中型溢油事故。通常，由于小型和部分中型溢油事故往往无法获得可靠信息，所以关于小型和中型溢油事故的记录不是非常准确。

② 根据 ITOPF《2014 油轮溢油事故数据统计》整理 http://www.itopf.com/fileadmin/data/Documents/Company_Lit/2015_Stats_-_CHS.pdf。

③ 小型溢油事故统计周期为 1974—2014 年。

提供部分货币补偿。实物补偿是经济补偿的目的和归宿,经济补偿是实物补偿的前提,是进行实物补偿的资金来源。目前,遭到污染损害的海洋生态系统面临的一个主要问题是经济补偿不足问题,从而导致生态系统实物补偿丧失资金来源,使生态系统丧失了最佳恢复时机,延长了生态系统恢复的时间。因此,受损生态系统的经济补偿问题成为生态经济学研究的主要内容之一,其涉及补偿机制设计、补偿模型的构建、费用归宿与负担等问题。尽管经济合作与发展组织(OECD)环境委员会 1970 年代初就提出了"污染者负担原则",但是海洋溢油所造成的生态损害的经济补偿问题一直是争议的焦点。产生争议的原因主要集中在三个方面。第一,受损害的生态系统的范围,即采用什么标准确定受损害的生态系统的边界问题。由于受海水流动、风、潮汐等的影响,油污面积会逐步扩大,但油污对生态系统的损害以溢油点为中心逐级递减,如何确定受损害的生态系统的边界则是进行经济补偿的基础。第二,受损害的生态系统的价值大小。目前世界上流行的估算生态系统服务价值的方法比较多,如市场价值法、旅游成本法、条件价值法、生境等值法等,这些方法在评估同一个生态系统时所得出的货币价值差异较大,因此,并没有哪种或者哪几种估算生态系统价值的模型被普遍接受,并且,无论是依据《1969 年国际油污损害民事责任公约》还是《〈1969 年国际油污损害民事责任公约〉1992 议定书》(以下简称《1969 年责任公约》和《1992 年责任公约》),按照理论推定的生态系统价值损失都不能作为经济补偿的依据。第三,谁能够代表海洋生态系统获得因损害而引起的经济补偿,由于产权问题,生态系统不归于任何组织或个人所有,那么,损害主体所提供的经济补偿付给谁则成为另一个需要解决的问题,即获得经济补偿者能否最终承担受损海洋生态系统修复的责任。因为在实施海洋生态系统修复的过程中缺乏必要的监督,所以很难避免"道德风险"问题的出现,即获得经济补偿者并没有实施海洋生态系统修复工作或者停止相应的可能阻碍生态系统恢复的行为。

到目前为止,世界上仅形成了油污损害经济补偿的一些基本的原则,并没有建立起一个统一完整的能够被各国认同的关于生态系统损害经济补偿的理论与制度,各国都是根据本国的国情、法律等要求损害主体对生态损害进行经济补偿,各国际组织也是依据被成员国承认的条款处理受损害生态系统的经济补偿问题。实践中，油污损害经济补偿问题已经走过了近40年[①]，本书认为，通过仔细分析已经发生的关于海上溢油的经济补偿案例，可以归纳出其中存在的规律。这既可以为之后的海上溢油事故的处理，又可以为中国建立海上溢油污染生态损害经济补偿机制提供理论支撑。

1.2 研究的目的与意义

海上溢油生态损害的经济补偿问题是一个世界性难题，争议大、分歧多。在"污染者负担原则"被普遍接受后，一个最大的难题是如何计算受损的生态系统的货币价值。该问题实质上是关于海洋生态系统服务价值的评估问题，尽管研究者已经提出了许多估值模型，但这些模型大多为理论推导模型，缺乏实践数据的支撑。

1.2.1 研究的目的

由于海洋通常被人类看作公共资源而缺乏明确清晰的产权，所以历来各国在处理涉海问题方面多以公共选择理论和外部性理论为基础。尽管生态经济学已有所发展，但是由于生态经济学本身存在的一些问题，如经济学家关于生态系统服务如何定价问题仍存在争议与分歧，所以到目前为止，无论是IOPC Funds还是各国的有关部门，在处理海上溢油污染损害的经济补偿时仍然偏向于使用公共选择理论和外部性理论。具体的做法是，在溢油污染事故进行经济补偿时，责任方（及相关人）针对不同受害主体采取逐个谈判或诉讼的方式解决相关的问题，如将政府或相关组织看作受损海域的所有者，向其支付狭义的生态系统维护的费用（通常被称为清污成本）；向因污染而受损的依赖于该海域生存的受害主体支付部分费用（通常被称为社会经济成本）。由于各个国家的观念、法律等差异较大，所以自《1969年责任公约》和国际油污赔偿基金（IOPC Funds）成立以来，尽管在近40年的时间里，IOPC Funds已经处理了149件海

① 本书以1978年国际油污损害赔偿基金（IOPC Funds）成立后处理的第一例油污损害经济补偿（Antonio Gramsci号油轮溢油事故）为起始时间。

上溢油污染损害补偿案例，但是，到目前为止，关于海上溢油污染经济补偿问题的处理方式仍然是"个案式"处理。这也是本书第3章所列海上溢油污染损害经济补偿呈现时间成本高昂、争议大特点的主要原因。而在所有事故中，补偿额往往是事故双方分歧的焦点，也是导致整个事故久拖不决的根本原因。

因此，寻找一个能够为各方接受的确定补偿额的较为简易的补偿规则，成为今后海上溢油污染损害补偿研究的主要方向之一。一旦该问题解决，海上溢油污染事故的处理时间将大幅缩短，尤其是一些小型海上溢油污染事故，而不必像目前一样，事故双方为极少的溢油（如几十公升、几百公升）耗费大量的时间（表1-1）。

表1-1　不足1吨的海上溢油事故从发生到补偿结束所耗费时间

船　名	溢油地点	溢油量(公吨)	耗费时间(月)
Dainichi Maru N°5 油轮	日本烧津港	0.2	21
Daito Maru N°5 油轮	日本横滨	0.5	7
Fukkol Maru N°12 油轮	日本盐釜港	0.5	8
Kugenuma Maru 油轮	日本川崎	0.3	12
Shinryu Maru N°8 油轮	日本知多港	0.5	16
Take Maru N°6 油轮	日本泉北港	0.1	20
Tsubame Maru N°31 油轮	日本小樽	0.6	17

资料来源：根据 IOPC Funds 历年报告整理。

有鉴于此，许多经济学家多年来一直致力于探索海上溢油生态损害经济补偿的规律和方法。

因此，本书期望在前人研究的基础上，以生态系统服务价值理论为指导，构建一个关于海上溢油生态损害经济补偿的理论模型。在此理论基础上，以 IOPC Funds 已经处理的海上溢油污染损害补偿案例为基本数据，推导出可以用于评估海上溢油生态损害的经济补偿方程。本书期望该方程能够对理论模型进行检验，又可以被用于快速地估算海上溢油生态损害的经济补偿额，从而推动该问题在理论上和实践上获得新的进展。

1.2.2 研究的意义

第一，从生态系统的角度思考海洋污染治理是未来海洋治理的发展方向。传统的治理海洋污染损害的办法出现了“头痛医头，脚痛医脚”的现象，如海洋生态保护区的建设，海洋增殖放流，由于过分强调对某种海洋生物的保护，如白鲸，结果导致了白鲸保护区内的其他生物资源的破坏，进而又影响到白鲸的生存。因此，从生态系统的角度思考海洋治理是未来海洋治理的发展方向。

第二，世界上需要建立一个能够被各国广泛接受的统一快速评估溢油生态损害的经济补偿模型。由于各国在处理本国海域溢油污染经济补偿问题时采用的评估手段各不相同，补偿额往往出现天壤之别。这种处理方式不仅导致了海上溢油污染事故处理的巨大成本，而且经常出现补偿不足或过度补偿问题，很容易引起污染者与受害者之间的冲突。因此，国际上需要建立一个能够被溢油污染事故各方所接受的经济补偿模型。

第三，中国需要加强对海上溢油生态损害的经济补偿的研究。我国已经是世界石油的进口大国，海上石油开采也已经开展了好多年，海上溢油事故日益增多，但中国在海上溢油生态损害经济补偿方面的研究严重落后于国际社会，截止到目前，仍然没有系统的较为全面的研究，这也是导致中国在处理国际海上溢油事故生态损害经济补偿谈判中，常常缺乏话语权，处于被动位置的原因。

第四，各国对海上溢油生态损害经济补偿的研究角度比较狭窄。除了一些个案研究外，大部分文献集中于对海上溢油生态损害经济补偿法律法规方面的研究，而从经济学角度分析的文章较少。

1.3 专用名词内涵和外延

本书中涉及一些专用名词，如海上溢油、海洋生态系统、生态损害、生态损害经济补偿等。因为目前对这些名词没有统一的定义，为了避免混乱，所以本书首先对这些名词的定义进行集中梳理。

1.3.1 海上溢油内涵与外延

海上溢油通常指无论何种原因导致的发生在任何海域或附属区域(如河口)的各种油类的泄漏,但是,从经济学的角度来看,许多海上溢油缺乏经济分析的意义,如因战争或者不可抗力(海啸、地震、火山爆发)导致的海上溢油,或者发生于公海上的海上溢油等。因此,根据分析目的的需要,结合《1992 年责任公约》和 IOPC Funds 的实践,本书将海上溢油限定为发生在各国领海(包括河口)和专属经济区的非战争或不可抗力原因导致的各种油轮所载任何持久性烃类矿物油(如原油、燃油、重柴油和润滑油)及其废料(沥青和废油)的泄漏[①]。因此,本书所指的海上溢油的范围主要包含三个方面。

首先,关于油类的界定。按照国际惯例,海上泄漏事故包含碳氢化合物泄漏、有毒有害物质(HNS)泄漏和其他泄漏三种,通常,海上碳氢化合物泄漏即专指海上溢油,尽管许多有毒有害物质也是石油制品,也是碳氢化合物,如苯,但国际上并不将其列入碳氢化物泄漏中,而是归入有毒有害物质泄漏。因此,本书定义中的油类主要是依据《1969 年责任公约》和《1992 年责任公约》中对"油类"的定义,同时参照了 IOPC Funds 实际处理"油类"范围的具体做法。

其次,关于溢油海域和载体的界定。海上溢油事故类型的划分标准多种多样,如按照溢油地点不同,海上溢油事故既包括陆地上或内河石油泄漏流入海洋导致海洋污染的溢油事故,又包括发生在公海、一国领海和专属经济区及河口的溢油事故,而陆源溢油事故和内河溢油事故通常较少,况且大部分属于一国国内事故,由于种种原因,往往很难获得一国陆源溢油事故和内河溢油事故的详细资料。按照溢油源不同,海上溢油又可以分为石油钻塔溢油和船舶溢油,而船舶溢油按照船舶用途不同又可以分为油轮、集装箱船、散货船、客轮、兼用船、驳船、军舰等溢油。目前,根据大部分国际组织或区域组织的惯例,石油

① 《1992 年责任公约》认为,"溢油污染损害是指由于船舶泄漏或者排放油类,而在船舶之外因污染而造成的损失或者损害,不论这种泄漏或排放发生于何处。"其中的油类是指"任何持久性烃类矿物油,例如原油、燃油、重柴油和润滑油"。但处理相关事故的过程中,所谓的油类并没有限定于所列的 4 种,对于沥青和废油所造成的污染,IOPC Funds 也支付了相应的补偿费用。

钻探溢油通常并不作为其处理或参与处理的对象，其处理对象仍然集中于船舶溢油，而在各种船舶的溢油中，油轮溢油又以溢油量大、危害严重受到国际社会的特别关注。因此，本书将海上溢油的范围限定在发生于公海、一国领海、专属经济区及河口的油轮、兼用船和供油驳船的泄漏现象。

最后，关于溢油原因的界定。与国际公约一致①，本书所研究的海上溢油不包括因为战争和无法预测的海上不可抗拒的自然现象如海啸、地震、火山爆发等导致的油类泄漏事故。

1.3.2　生态损害、环境损害与生态环境损害辨析

生态系统概念最早由英国生态学家坦斯利（A. G. Tansley）在 1935 年提出，主要指有机体内部与其赖以生存的环境共同组成的复杂的系统。该概念被生态学家广泛接受并渗透到诸多领域，引申出许多新的概念。海洋生态系统既是诸多概念中的一个，也是海洋研究和生态系统研究结合的结果。通常，海洋生态系统是指海洋中的生物群落与其赖以生存的环境共同构成的一个自然系统。

生态损害、环境损害和生态环境损害三个概念经常纠缠在一起，三者都是使用频率较高但又没有清晰内涵和外延的概念。综合各种文献来看，生态环境损害通常即是指环境损害，而环境损害是生态损害的一个最为重要的方面，往往被许多研究者用来替代生态损害。因此，本书认为生态损害具有广义和狭义之分。广义的生态损害是指由于污染、过度捕捞、工程建设、资源开采等人为原因导致的区域生态系统服务功能的下降，并且这种降低能够被依赖该生态系统的人们明确感知；狭义的生态损害即是环境损害。本书所谓的生态损害是指广义的生态损害。那么，海洋生态损害则是指特定海洋区域的生态系统服务功能的下降。

1.3.3　生态损害经济补偿的内涵与外延

海洋生态损害补偿是对受损的特定海洋区域的生态系统进行补偿，以使

---

① 参见《1969 年国际油污损害民事责任公约》（1969CLC）和《1992 年国际油污损害民事责任公约》（1992CLC）的免责条款。

其生态系统服务功能恢复到初始水平。海洋生态损害补偿包括实物补偿和经济补偿两个方面，前者诸如增殖放流、生物栖息地再造、减少或者降低原有海洋活动等，而后者则是指损害主体及相关方（如保险公司、互助基金组织等）为与己相关的各种原因导致的海洋生态损害所支付的一定数量的货币。

将人类的经济系统看做整个生态系统的有机组成部分，那么，生态损害的经济补偿既包括对经济系统的补偿，也包括对除经济系统之外的支撑系统的补偿。具体到海上溢油生态损害经济补偿，则应包括两个方面：一是船东及相关方所提供的弥补经济系统损失的支付，二是船东及相关方提供的使支撑系统恢复到初始水平的支付。前者如支付给直接依赖该海域生态系统生存的第三方因生态损害导致的损失的费用，后者如支付给各方为清除油污所采取的各种措施的费用，为该海域生态系统恢复到污染之前的状态所采取的进一步措施的费用等。

1.4 研究的现状与本书研究的切入点

1.4.1 研究的现状

随着人类海洋活动的频繁，良好的海洋生态系统变得日益稀缺。而溢油污染导致的海洋生态损害最为显著，成为人类关注较早的海洋生态损害行为之一。国际上早期的研究主要集中在生态学、海洋学和环境科学领域，主要集中在溢油污染对生态损害的机理的研究（N.S. Dias，1960；M. George，1961；A. Nelson-Smith，1968；E. B. Cowell，1969；R. G. J. Shelton，1971）。

因为海洋公共资源的特性，所以海上溢油导致的生态损害是否要进行经济补偿，如何进行补偿等问题一直困扰着理论界和实践者。随着"污染者负担原则"成为各国、国际环境法的重要法律原则之一，"是否要补偿"的问题得到了解决。但如何确定生态损害的经济补偿额却充满争议，而该问题涉及经济学、海洋学、生态学、资源与环境科学等多个学科，需要多领域的研究者通力合作。

1970年代后期,研究者开始关注海上溢油污染的经济补偿问题(Homles,1977);1980年代,对该问题的研究似乎出现了中断,极少研究者再关注该问题;进入1990年代,该问题的研究开始进入快速发展时期。从文献可以看出,在研究海上溢油污染经济补偿时,大部分研究者主要依据外部性理论和公共物品理论,使用成本收益分析方法对该问题展开研究。研究者将对海上溢油污染提供的经济补偿看作溢油的成本,从而将经济补偿问题转化为外部性所导致的社会成本问题。那么,对海上溢油污染的经济补偿问题的讨论便转变成溢油所导致的社会成本(溢油成本)的研究,从而将外部性问题内部化,这种研究方法符合传统的关于外部性问题的讨论。

首先,研究者对溢油成本的构成要素进行分析(Grigalunas et al., 1986; Helton & Penn, 1999; Wirtz, 2006; Vanem et al., 2008; Liu & Wirtz, 2009; Kontovas et al., 2010; Cohen, 2010)。从文献可以看出,研究者对清污成本的构成所持态度较为一致;对总成本应该包括哪些部分,分歧较大;但对溢油成本至少应包含清污成本、环境损害成本和社会经济成本三项,研究者的意见则比较一致。清污成本通常是支付给清理污染者的费用;而环境损害成本通常是弥补环境损失的费用;而社会经济成本则是油污导致的一种间接损失,这种损失(如旅游业损失)往往是因为经济主体所依赖的海洋生态系统受损而导致的。

其次,研究者对决定溢油成本因素的分析(Holmes, 1977; White & Nichols, 1983; Moller et al., 1987; Etkin, 1999; Grey, 1999)。由于决定溢油成本的因素多种多样,所以研究者关于哪些因素是决定溢油成本的关键因素的分歧较大。Holmes(1977)认为溢油位置、清污战略选择和溢油量对清污总成本和平均成本的影响最为重要,而溢油位置和清污战略的搭配对清污总成本和平均成本的影响巨大,溢油量则与平均成本反方向变动。White & Nichols(1983)则认为油品是影响清污成本的最重要因素之一。Moller et al.(1987)则认为位置是影响成本的首要因素。Etkin(1999)认为清污成本很大程度上受油品、溢油地点、溢油时间、受影响或威胁的敏感区域、溢油地的责任限制、地方和国家的法律、清污战略影响,而决定单位溢油成本的主要因素则是溢油位置、油品和可能的总溢油量。Grey(1999)依据IOPC Funds赔偿案例，认为溢油成本主要受溢油量、油品、溢油位置、油轮总吨位、国际公约赔偿限额的影响。

最后，关于溢油成本与各影响因素之间定量关系的研究是进入21世纪后的近十几年的主流（Etkin，1999，2000，2004；Liu & Wirtz，2006，2009；Shahriari & Frost，2008；Kontovas et al.，2010，Alló & Loureiro，2013）。最早使用定量方法分析溢油成本与其决定因素之间关系的是Holmes(1977)；而最早使用成本收益法研究溢油问题的是美国经济学Mark A. Cohen(1986)。Cohen估算出阻止一加仑溢油的社会边际成本是5.5美元，而边际收益则是7.27美元。Liu & Wirtz(2006,2009)分别构造了溢油导致的环境损害和社会经济损失的两个理论模型。而其他几位作者都是使用回归模型对实践中发生的溢油事故的清污成本和总成本进行回归，并得出了具体的回归模型。

这些文献为处理海上溢油污染的经济补偿问题提供了有力的理论支撑，但这些文献在研究时遇到的共同问题是，在已有的补偿案例中，许多补偿数据要么仅给出补偿总额，要么是按照接受主体列明支付金额（如支付给清污公司、渔民和沿岸居民、当地政府、相关组织等的金额），却没有按照研究者的需要列明各种支付应归属于何种成本的详细信息，即哪些是清污成本，哪些是环境成本，哪些是社会经济成本。那么，研究者在研究时只能根据需要对数据进行处理：要么缩减案例数量，要么用总支付替代所要研究的目标成本（如清污成本、环境成本），要么是按照个人理解将相关支付分别归入三种成本。这导致了各研究者虽然依据相同案例，但得出的数据却差异巨大的问题。因此，有研究者开始考虑使用生态系统服务（和物品）损失（价值）来核算海上溢油导致的生态损害（James Boyd，2010；Depellegrin & Blazauskas，2013；Kennedy & Cheong，2013），这标志着用生态系统服务价值理论研究海上溢油污染经济补偿问题的萌芽。但这几篇文献局限于理论推导，缺乏实践数据的支撑。

国内对溢油补偿问题的关注尽管比较早（李松操，1986），但关注度比较低，相比于国际上的同类研究，研究的深度也有待于提高。大部分文献属于介绍性文章，或者集中于对法律法规、制度建设等方面的研究。截至2015年12月，仅有两篇关于溢油补偿定量分析的文献。这两篇文献主要集中在数学模型构建和仿真方面，缺乏实践数据的支撑(周国华和何金灿，2010；彭陈，2012)[①]。

国内关于溢油导致的生态损害的研究相对较少，并且主要集中于法律法规、制度建设等方面[②]。2005年特别是2010年之后，国内出现了一些关于溢油生态损害评估的文献：一部分为综述性文献(纪大伟等，2006；刘伟峰等，2014；章耕耘等，2014)；一部分研究国外模型在评估溢油导致的生态损害方面的应用，如介绍生境等值法(HEA)在评估溢油生态损害方面的应用(于桂峰，2007；李京梅、曹婷婷，2011；杨寅等，2011；林楠等，2014)，介绍资源等价法(REA)在评估溢油生态损害方面的应用(李京梅、王晓玲，2012；黄文怡，2014)；一部分文献集中于溢油生态损害评估程序与指标的设计(周玲玲，2006；张秋艳，2010；杨建强等，2011；杨寅等；2012；刘伟峰等，2014；于春艳等，2015)；一部分集中于对个案的分析(刘文全等，2011；张雯，2014)。这些文献在促进我国关于溢油生态损害问题研究的同时，也面临着两个问题：一是将国外用于测算单一方面的模型应用于生态损害方面的评估，有可能导致评估结果远远低于实际发生的生态损害；二是所有文献仅仅是理论推导，既没有已完成的溢油生态损害案例的支撑，也没有得到正在进行中的案例的证明。

1.4.2　本书的切入点

通过对已有文献的分析，本书认为以生态损害为切入点来研究海上溢油污染经济补偿问题要比从社会成本角度分析溢油污染补偿更具有科学性和合理性，即将经济系统看做整个生态系统的一个有机组成部分，从而将IOPC Funds、船东及其保险公司支付的全部费用看作对溢油导致的生态损害的经济补偿。具体理由如下：(1) 使研究更加连续。如前所述，研究者从成本角度研究溢油事故的支出时通常是根据研究需要提出不同的成本概念，如清污成本、环境成本、行政成本、其他成本等，即使不同研究者使用同一个成本概

① 在三大中文期刊数据库："中国知网""万方数据知识服务平台"和"维普期刊资源整合服务平台"中，以"溢油赔偿"或"油污赔偿"为主题或关键词，结束日期设置为2015年搜索后，再对搜索的文章进行分析的结果。

② 在三大中文期刊数据库中以"溢油"和"生态损害"做主题词，结束时间设定为2015年进行搜索，在"中国知网"搜索到100篇文献，其他两个数据库分别搜索到40篇，通过对所列文献分析后发现，共有58篇文献研究溢油生态损害问题：33篇集中于法律法规、制度建设方面，25篇涉及生态损害评估方面。

念，如清污成本，不同研究者对其外延的界定也不一样，这一点在 Grigalunas et al.(1986)与 Liu & Wirtz(2006，2009)文章中表现得最为明显，前者将清污成本与应急成本并列，后者将清污成本等同于应急成本。这给前后文献的比较带来了一定的困难，研究的连续性较差。(2) 避免主观性。如前所述，由于研究者可以根据需要将溢油事故中支付的费用划入不同的成本类别，所以研究者得出的溢油成本与其影响因素之间的关系主观性就比较强。如果将溢油事故的全部支出作为对生态损害的经济补偿，研究生态损害经济补偿与其影响因素之间的关系，这样可以避免研究的主观性，也利于前后文献的比较。(3) 随着时间的推移和实践的发展，关于溢油事故成本的概念逐渐在向生态损害方面靠近，如最初关于溢油事故的成本仅包括清污成本、行政成本、向第三方支付的成本等，而现在关于溢油事故的成本已经扩展到财产性损失、环境损害、资源损害和娱乐旅游损失等，这些成本划分得过细也给研究带来了一定的困难，如果使用生态损害经济补偿概念可以避免因对溢油事故支出划分过细所导致的研究困难。(4) 可以将海上溢油事故的经济学式的研究与生态学式的研究结合起来，有利于生态经济学的发展。在 1997 年，Costanza et al.在经典论文中提出了生态系统服务价值概念，生态学家大约从 2000 年之后就开始从生态损害的角度开展关于海上溢油的研究，但经济学家仍然沿袭传统的成本收益法开展研究，前者由于一直停留在理论推导与实验室模拟，所以缺乏对实践的分析；而后者则过分的关注于对实践经验的总结，缺乏一定的理论高度。如果两者结合必然能够大力推进对海上溢油污染的研究。(5) 将 IOPC Funds、船东及其保险公司支付的全部费用看成是溢油生态损害的经济补偿，可以避免因补偿划分过细而导致的不同行为主体单独提出诉讼的问题，将分散性支付变为综合性支付，避免将大量的时间、人力和物力浪费在谈判、协商与诉讼上。海上溢油事故的处理往往涉及众多的行为主体及不同国家的法律和国际公约等，如 IOPC Funds 在处理其成员国的海上溢油事故时，经常要与不同受害主体在不同的法律框架下就补偿问题进行反复的谈判、协商与诉讼。如果将 IOPC Funds、船东及其保险公司支付的全部费用看成是溢油生态损害的经济补偿，这样，政府就可以作为受害主体的一致行动人与事故方进行协商，既可以避免单个经济主体因力量弱小而导致的补偿不足问题，又可以节约大量的人力和物力。

鉴于以上分析，本书拟在以下两个方面拓展相关研究：

第一，本书根据生态系统服务价值理论和动态经济学的分析方法，试图构建一个关于溢油生态损害经济补偿的理论基础，以便为该问题的研究提供一种普适性的理论，为此后推进该类问题的研究提供某些理论支持。

第二，以实际发生的海上溢油事故的经济补偿案例为基础，通过实证分析，推导出海上溢油生态损害的经济补偿估算模型，对理论假说进行部分验证，从而避免仅从生态系统服务价值理论引申出模型而导致模型缺乏实践支撑的问题。

1.5　本书的结构、主要内容和技术路线

1.5.1　本书的结构与主要内容

本书共分为七章，各章的主要内容如下。

第 1 章：绪论。主要分析本书写作的背景、目的和意义、研究现状及本书切入点、创新与不足之处，同时对本书中使用的一些专用名词的内涵和外延进行了界定。

第 2 章：海洋污染损害经济补偿理论的变迁：文献综述。本章主要对已有的关于海洋污染损害经济补偿的相关研究进行了梳理和评析。本章首先分析了作为传统的环境治理理论基础的外部性理论和公共物品理论在被应用于海上油污损害的经济补偿时所面临的局限。

第 3 章：海上溢油污染事故及其经济补偿案例分析。本章以 1960—2015 年之间海上发生的 464 起大中型溢油事故为例，分析了 50 多年来海上溢油事故的基本情况及其表现出来的一些特点；并以 IOPC Funds 处理的海上溢油事故为基础分析了国际上海上油污损害经济补偿的基本情况及其在补偿规则、时间成本、补偿额等方面表现出的一些特点。

第 4 章：海上溢油生态损害经济补偿的决定因素分析。海上溢油事故发

生后，海域生态损害的状况取决于诸多因素，如溢油量、油品、溢油位置、污染面积、海域使用状况、海域生态敏感度等。对海上溢油导致的生态损害进行经济补偿作为一种事后的应急措施，不仅要考虑海域生态损害的状况，而且要考虑到事故各方的经济承受能力，即海上溢油生态损害经济补偿是既考虑生态保护又考虑经济发展的一种均衡行为。因此，在分析海上溢油生态损害经济补偿决定因素时，既要分析决定海域生态损害的因素，又要分析影响事故方责任承担的影响因素。本章运用灰色关联分析法甄别了影响海上溢油生态损害经济补偿的主要决定因素。

第 5 章：海上溢油生态损害经济补偿理论模型的构建。由于目前缺乏关于海上溢油生态损害经济补偿测算的理论，本章试图在前人研究的基础上，构建一个海洋生态损害的经济补偿的理论模型，并依据模型提出一些理论假说。

第 6 章：海上溢油生态损害经济补偿的实证分析。本章选择了 IOPC Funds 处理的 82 起中大型海上溢油事故案例，用逐步回归分析法分析了海上溢油生态损害的经济补偿与第 4 章甄别出的主要决定因素之间的关系，建立了补偿额与责任限额、溢油量之间的最优和备选模型，分析了实证模型与理论假说之间的关系，认为实证模型是能够验证理论模型的，理论模型具有较好的普适性。

第 7 章：结论及启示。首先，本章对全书进行了总结，归纳了两条主要结论；其次，使用本书推导出的模型对 IOPC Funds 正在处理的海上溢油事故的最终补偿额进行了预测；最后，基于全文的分析总结出对中国的三点启示。

1.5.2　本书技术路线

本书在对已有文献进行评析的基础之上，分析了 1960—2015 年五十多年间海上溢油污染事故及其经济补偿的情况，这为后面海上溢油生态损害经济补偿决定因素的分析，理论模型的推导和实证分析提供了前提条件。本书的主要目的是为国际海上溢油经济补偿构建一个理论基础和估算生态损害经济补偿额的模型，因此，本书在第 5、6 两章集中于理论模型的构建和实证模型的推导（图 1-1）。

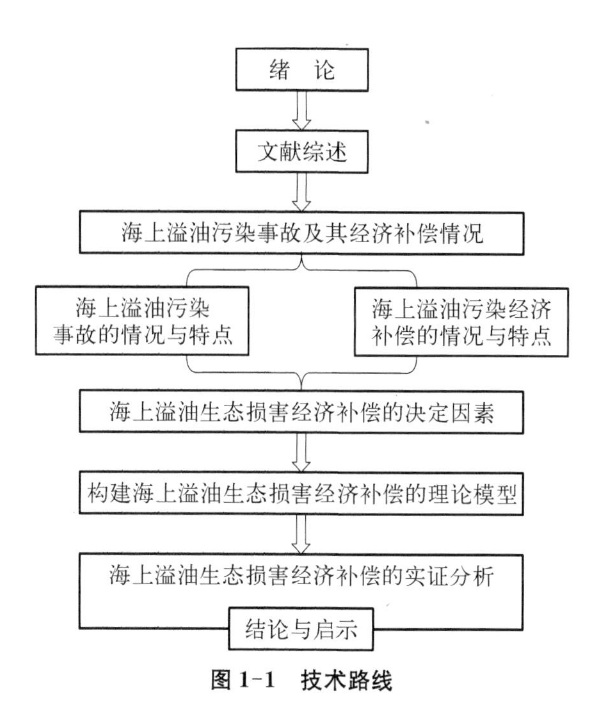

图 1-1　技术路线

1.6　创新之处与不足

1.6.1　创新之处

研究视角层面的创新：国内外研究海上溢油生态损害经济补偿的文献相对较少，且主要使用基于传统的外部性理论中的成本收益分析法，集中于讨论负外部性所引起的社会成本的构成及其决定因素。本书从海洋生态损害的经济补偿角度入手，将经济系统纳入整个生态系统中，将全部补偿支出作为对生态系统损害的经济补偿，从而改变了仅注重对经济损失的补偿，而忽视生态损害补偿的传统的研究视角。

研究方法层面的创新：现有研究海上溢油生态损害评估的文献采用的是纯理论推导的方法，缺乏实践数据的支撑。本书以已经发生的海上溢油补偿案例为基础，首次用灰色关联分析甄别出决定海上溢油生态损害经济补偿的主要因素，其次用逐步回归分析推导出海上溢油生态损害经济补偿实证模型。因此，推导出的模型更具有适用性和说服力。

研究结论方面的创新：本书在已有研究基础上依据海上溢油生态损害经济补偿的内在机理，构建了海上溢油生态损害经济补偿的理论模型。本书首次分析了船东责任限额在海上溢油生态损害经济补偿中的重要作用，建立了补偿额与船东责任限额、溢油量之间的回归方程，改变了以往仅从溢油量方面考虑补偿额的研究方法。

1.6.2 研究的不足

尽管作者花费5年多的时间，搜集了近千份溢油事故的案例。为了收集相关的案例及资料，作者使用各种可用的方式，与相关机构作者等联系、前往各处的图书馆资料室等。但由于各种原因，作者认为本书在以下三个方面仍然存在有待改进之处：

第一，样本量相对较少。一方面，各机构统计的资料并不完全，并且由于许多资料来自各种媒体报道，所以许多机构数据库中关于溢油事故的记录也不准确，对于明显存在疑点的溢油事故，如不标明溢油量、事故发生地点、船籍国等，只能弃而不用，这导致样本量的减少；另一方面，由于各国对溢油事故处理的最终结果并不一定对外公布，所以尽管在全世界发生了众多溢油事故，但其最终的经济补偿结果并不一定能够获知。IOPC Funds 作为目前世界上唯一处理油轮溢油事故经济补偿的国际组织，自1978年成立至2014年12月31日，其处理的案件也仅有149起，其中13起案件至本研究完成仍未结束。有鉴于此，在分析海上溢油生态损害经济补偿时，本研究面临的一个重要问题就是样本量相对较少的问题。

第二，缺少对小型溢油事故的分析。国际上通常将海上溢油分为小型溢油、中型溢油和大型溢油，但由于海上溢油事故在测算溢油量时往往通过估算方式计算，如通过油箱(tank)的容量减去油箱所剩油量。这导致了实际溢油量与估算量之间的误差，这一点也可以从各个国际(区域)机构对同一次溢油事故不同溢油量的记录看出。为了精确起见，本书并没有将小型溢油事故纳入分析范围。

第三，未将贴现率纳入模型中。贴现率是影响经济行为的重要因素之一，在所考察的 82 个溢油事故案例中，有部分溢油事故的处理长达 10 多年，因此，需要使用贴现率考察初始额与最终补偿额的差异。通常可以使用实际利息率作为贴现率的替代指标。但是，在所考察的 82 个案例中，除了极少数案例(主要是发生在欧洲的溢油事故)给出了明确的利息外，大部分案例并没有明确给出是否考虑了利息因素。因此，本书并未将贴现率纳入模型中。

第 2 章　海洋污染经济补偿理论的变迁：文献综述

人类考虑其自身经济行为对周围环境影响的历史并不长。在征服自然，改造自然世界观的支配下，人类一直自认为处于整个生态系统的主宰和核心地位，生态系统成为人类无偿提供资源和服务的“奴婢”。1962 年，卡逊（Rachel Carson）出版了《寂静的春天》（*Silent Spring*）改变了人们所秉持的传统的人与自然关系的观念，在社会上引起了极大反响，甚至肯尼迪总统专门在国会上组织讨论这本书，并成立专门调查组调查书中的观点。虽然《寂静的春天》受到来自于致使环境遭受破坏而获利的企业、机构等的猛烈抨击，甚至卡逊本人也受到来自这些企业、机构的人身攻击，但是，毋庸置疑，《寂静的春天》在美国及国际上引起的反响远远超出了人们的预料。人类开始关注自身经济活动对环境造成的负面影响。

今天，人们对未来的忧虑远远超过了前人，人类开始出现前所未有的不自信。水的污染、土壤流失、森林面积减少、植被破坏、臭氧层越来越稀薄等问题使人类不得不思考可持续发展问题。陆地资源的开发殆尽使人们的目光转向了海洋，1976 年海洋专属经济区（Exclusive Economic Zone，简称 EEZ）的设立使大部分沿海国家对海域的管辖权扩展到 200 海里①。随着专属经济区的设立，世界 1/3 的海洋成为各国的“私产”。经济学家、生态学家、海洋学家等期望随着海洋管辖权的延伸，各国能够更加理性的开发和保护海洋，使海洋生态能够维持良好的状态。

① 美国因没有签署《联合国海洋法公约》，所以不承认各国的专属经济区。

随着人们消费水平的提高，人们不仅仅需要来自海洋的食物，而且需要海洋能够提供除食物之外的其他服务，如冲浪、海滩日光浴等。任何人都不会愿意在一片散发着恶臭、漂浮着各种垃圾的海域进行冲浪和日光浴；任何人都不希望在洗过海水澡之后全身皮肤溃烂；任何人也更不希望吃过海鲜之后上吐下泻。因此，良好的海洋生态系统是人们在基本需求得到满足后所产生的更高需求，人类对海洋的要求不再仅仅停留在要求海洋提供蛋白质的层次上。但是，专属经济区的设立并没有阻止海洋生态系统功能的日益退化。因此，海洋生态系统维持和保护需要各国的通力协作。

生态系统保护需要各个领域的专家通力合作，但是，通常被看作自由物品的生态环境进入经济学家视野的历史并不长。

尽管经济学分析的范围越来越宽泛，但其范式仍然没有脱离瓦尔拉斯-阿罗-德布鲁范式，即将经济系统看成一个由家庭、厂商、政府等部门组成的封闭系统，着重强调竞争性市场的效率与系统内部的均衡状态。而对于经济系统赖以存在的得以输入所需物品及输出“剩余物”的生态系统，经济学通常采用视而不见的方式进行处理，或者在万不得已的情况下便采用“内部化”的方式进行解决，后者典型的例子就是经济学对“外部性”和“公地悲剧”问题的处理。

尽管人类经济活动的外部性问题早已存在，但直到西奇威克（Henry Sidgwick）和马歇尔（Alfred Marshall）的开创性研究之后，外部性问题才正式地进入了经济学的分析范畴。外部性问题的存在构成了对帕累托（Vilfredo Pareto）最优的致命威胁，也是对传统经济理论的威胁，这促进了经济学家致力于将外部性问题“内部化”的工作，最终，外部性问题在加入了一系列的约束条件之后成功的纳入了经济学范式，同时，也为外部性问题的解决提供了相应的市场化手段。但问题总是层出不穷，1968年，哈丁（Garrett Hardin）在《公地的悲剧》一文中将公共资源的利用问题重新提到了人们的面前，经济学家不得不思考如何在经济学的框架内解决公共资源的利用问题。外部性和公共资源利用问题既构成对传统经济理论的威胁也促进了经济理论的发展，如以产权、交易费用和契约为核心的制度经济学的兴起和环境经济学的出现。经济学正是在不断地解决实际经济问题的过程中获得丰富与充实的。

随着人类对海洋的关注，作为世界上最大的资源宝库，海洋兼具了公共资源和外部性的双重特点，同时，相比于传统的囿于一国市场公共资源和拥有外部性的生产与消费活动，海洋则是“世界级”的公共资源，并且，人类的海洋活动不仅可能给本国的第三者带来正的或者负的外部效应，而且可能给其他国家的相关经济人带来正的或者负的外部效应。

人类愈加频繁的海洋活动也为经济学提出了挑战，即经济学家如何能够运用经济手段在不影响市场效率的前提下使海洋开发避免“公地悲剧”和尽量降低人类海洋活动的负的外部性。许多经济学家认为，海洋的开发问题并没有跳出传统经济学的分析范式，完全可以使用传统的解决外部性和公共物品的相关理论解决海洋开发问题。但也有许多经济学家认为，海洋对人类的意义主要是海洋为人类提供生态服务，但海洋生态服务与传统商品并不完全相同，主要体现在，海洋生态服务并不完全符合传统经济学的 5 大假设，特别是海洋生态服务无法界定产权亦无法通过市场进行交易，从而导致海洋生态服务无法形成市场价格，因此，传统经济学无法处理海洋问题。

但本书认为，一方面，正如处理外部性和公共物品问题一样，随着实践的发展，经济学应该能够解决海洋生态服务功能所面临的一系列问题（如最重要的价值评估问题），从而为这些问题的解决提供相应的即不损害市场效率又不破坏瓦尔拉斯-阿罗-德布鲁范式的经济手段。另一方面，如果将经济系统看成一个包括生态系统在内的更大的系统，那么经济学家就应该从更广阔的角度来思考经济体系的一般均衡，而不是仅仅从人类生产、分配、交换与消费四个环节思考狭隘的经济系统的均衡。

因此，本书尝试以海上溢油生态损害经济补偿为切入点将海洋生态系统服务价值纳入经济分析中，从而为生态系统服务价值的经济分析提供一种新的视角。

2.1 海洋污染经济补偿的传统理论：外部性理论和公共物品理论

传统经济学过分关注人类物质财富的数量方面，而忽略了人类生活的质量方面。伴随着工业进步和人类物质财富的积累，人类赖以生存的自然环境、生态系统所面临的问题给人类生活带来的困扰也日益增加，如不可再生自然资源的逐渐枯竭、环境污染、生态破坏等所导致的人类生活质量的下降开始显现。20 世纪六七十年代，人类追求经济增长的欲望所带来的环境、生态问题开始引起研究者的关注，一批研究者开始揭示人类经济活动所带来的负面影响以及探讨如何避免“经济增长的悲剧”，如 1962 年卡逊的《寂静的春天》、1968 年哈丁的《公地的悲剧》和 1972 年罗马俱乐部的《增长的极限》等都引起了广泛的关注。而将物质福利作为研究内容的经济学在致力于人类物质财富数量积累的同时，更应该关注物质财富的质量，正如萨缪尔森(Paul A. Samuelson)在《经济学》中向人们提出的问题：“如果追求 W·詹姆斯所说的物质财富的代价是摧毁人类的生活环境因而最终得不到幸福和安宁，那为什么还要追求它呢？[①]”尽管萨缪尔森认为，对人类生活质量问题的研究将成为经济学研究的一个重要领域，但是，目前，传统的经济理论并没有将环境污染、生态恶化等课题作为其主要的研究对象。

在许多情况下，经济学家用以研究环境、生态问题的方法仍然是游离于传统经济理论之外的外部性理论和公共物品理论。正如《新帕尔格雷夫经济学大辞典》在“环境经济学”词条下所说：“环境经济学是个崭新的领域，基本上由现代经济学家创立。但却根植于马歇尔和庇古(Arthur Cecil Pigou)的外部性理论，维克塞尔(Knut Wicksell)和鲍恩(W. G. Bowen)的公共财货(public goods)理论，瓦尔拉斯(Leon Walras)的一般均衡理论以及成本-收益分析中的应用部分。”[②]在 1980 年代之前，经济学家分析人类活动导致海洋环境变化时通常沿袭着传统环境分析思路。

2.1.1　外部性理论和公共物品理论演变及内容

外部性和公共物品问题往往“纠缠”在一起，是导致市场失灵的两个主要原因，也构成了对帕累托最优竞争性均衡的直接威胁。一旦竞争性均衡不是帕累

① ［美］萨缪尔森著，高鸿业译，《经济学》(下卷)，商务印书馆，1982 年 5 月，第 223 页。
② 约翰·伊特韦尔等编，《新帕尔格雷夫经济学大辞典》(第二卷)，“环境经济学”词条，经济科学出版社，1996 年 11 月，第 172 页。

托最优性，那么经济学家所信奉的自由市场的信念基础也将不复存在，那么传统的经济理论是不是像经济学家所宣称的那样具有普适性便值得怀疑。于是，在很长的时期中，经济学家对两者采取了忽略的态度或者将其与传统经济理论分开处理的方法[①]。

尽管有经济学家把关于公共物品的讨论上溯到休谟(David Hume)时期，但从现有文献综合来看，外部性和公共物品的现代性理论极有可能发源于经济学中对“灯塔”问题的讨论。穆勒(John S. Mill)(1848)在《政治经济学原理及其在社会哲学上的若干应用》的最后一章中写道：“确保航行安全的灯塔、浮标等设施，也应该由政府来建立和维护，因为虽然船舶在海上航行时受益于灯塔，却不可能让船舶在每次使用灯塔时支付收益费，所以谁也不会出于个人利益的动机建立灯塔，除非国家强制课税，用税款报偿建立灯塔的人。”[②]尽管穆勒在书中并没有太多笔墨对“灯塔”问题进行更深入的讨论，但是，这并不影响后来的经济学家反复地提及“灯塔”问题，借用“灯塔”来讨论外部性和公共物品问题。“灯塔”问题在经济学中变得如此重要，以至科斯(Ronald H. Coase)(1974)专门写了一篇讨论“灯塔”问题的经济学文章——《经济学中的灯塔》——来阐述“灯塔”问题在外部性和公共物品理论演进中的地位。1883年，西奇威克在其《政治经济学原理》一书中借用“灯塔”问题否定了“通过自由交换，个人总能够为他所提供的劳务获得适当的报酬”这一传统经济学家所秉持的信念[③]，但西奇威克既没有提到外部性也没有提到公共物品。马歇尔(1890)在《经济学原理》中专门讨论了生产的外部性，他说，“我们可把因任何一种货物的生产规模之扩大而发生的经济分为两类：第一是有赖于这工业的一般发达的经济，第二是……我们可称前者为外部经济，……”[④]马歇尔首次提出了外部

---

① 如技术的外在经济和外在不经济的意义从马歇尔和庇古的分析之后到二战结束的岁月里，基本上被经济学家所遗忘，二战后，随着交通拥挤、环境污染等问题的出现，关于外部性的讨论才又逐渐兴起。这一点可以参见《新帕尔格雷夫经济学大辞典》关于“外在经济”的词条。同样，1896年，维克塞尔在《财政理论研究》已经详细讨论了公共财货问题，但其一直没有将这一理论放入《国民经济学讲义》中。

② 约翰·穆勒著，赵荣潜等译，《政治经济学及其在社会哲学上的若干应用》(下卷)，商务印书馆，1991年9月，第568页。

③ 转引自 R. H. Coase, The Lighthouse in Economics, Journal of Law and Economics, Vol. 17, No. 2. (Oct., 1974), p.357.

④ [英] 马歇尔著，朱志泰译，《经济学原理》(上卷)，商务印书馆，1964年10月，第280页。

经济概念并讨论了行业发展给企业带来的外部经济问题，但对生产所产生的负外部性（外部不经济）和消费的外部性并没有进行讨论。因此，马歇尔并不认为外部经济具有普遍的存在性，也没有意识到外部性可能会给传统经济理论所带来的冲击。对外部性的更深入讨论则由庇古完成。庇古（1920）在其名著《福利经济学》中通过对比社会和私人净边际产品的差异分析了现代经济学经常讨论的一些典型的具有外部性的例子。并用火车头喷出的火星可能给周围的森林造成的损害来解释外部性问题。庇古的分析基本与现代学者对外部性的分析一致，并且提出了解决外部性的被后来称为“庇古税”的最初设想。

从西奇威克到庇古，都把外部性作为对古典经济学自由竞争可以实现帕累托最优的背离，如何解决外部性问题以化解外部性问题对传统经济理论的“冲击”则成为经济学一直努力的方向，直到目前，外部性问题并没有得到彻底的完全的解决。无论是“科斯定理”还是“庇古税”都不能说是外部性的完美解决方案。

相比于外部性问题解决的困难，公共物品的提供与利用问题的解决要完美的多。公共物品和外部性问题通常“纠缠”在一起，当经济学家讨论“灯塔”通过哪种方式弥补社会净边际产品与私人净边际产品的差额时，有些经济学家开始讨论应该如何提供与“灯塔”类似的产品，这种讨论导致了公共物品理论（亦称公共财货理论）的出现。

维克塞尔是现代公共物品理论的奠基者，其在《财政理论研究》一文中，提出了现代公共物品理论的雏形。维克塞尔提出了公共物品提供的一种判断标准，即一致同意原则。尽管当时许多经济学家认为维克塞尔提出的这个原则是无法实现的。同为瑞典学派的著名经济学家的林达尔（Erik Robert Lindahl）在其老师工作的基础上，将公共物品理论向前推进了一大步。通过引入局部均衡分析，林达尔提出了后来被称为“林达尔均衡”的新的理论，同时，也为公共物品理论纳入主流经济学理论奠定了基础。尽管林达尔关于公共物品的理论最初并没有被经济学界所接受，但经过萨缪尔森的改进之后，最终公共物品理论成为现代主流经济学的一个重要的组成部分。

随着众多经济学家的努力，原来被看成可能危及传统经济理论，有可能导致传统的瓦尔拉斯-阿罗-德布鲁范式崩溃的“外部性”和公共物品问题，终于被纳入了主流经济学的分析范畴。这也为环境科学和生态学与经济学的结合奠定了基础,如果外部性和公共物品理论仍然游离于现代经济理论之外,很难想象会产生环境经济学和生态经济学这两个新的分支。

随着外部性理论和公共物品理论的日渐成熟,研究者对这两个理论的应用日臻成熟。海洋作为世界上最大的公共资源,人类的海洋活动亦具有极强的外部性,因此,海洋经济成为外部性理论和公共物品理论应用的最重要领域之一。外部性理论和公共物品理论来源于与人类海洋活动有关的"灯塔"问题,最终也在人类的海洋经济活动中找到了最广阔的应用,可谓源于斯,用于斯。

2.1.2 外部性理论和公共物品理论在海上溢油污染经济补偿中的应用

经济学家对外部性理论和公共物品理论的应用最初主要集中于海洋渔业领域。早在 20 世纪 30 年代,经济学家已经开始关注过度捕捞导致的海洋渔业资源枯竭问题,并希望政府能够采取合理的措施进行有计划的捕捞 Edward A. Ackerman(1938)。但是,鉴于当时的社会经济状况和经济理论的发展,Ackerman 的研究和呼吁并没有引起政府的关注和其他经济学家的共鸣。

20 世纪五六十年代,海洋渔业资源的急剧衰退促使经济学家开始思考海洋渔业的"可持续发展"问题,经济学家开始探究海洋渔业资源急剧衰退的原因并期望寻找解决问题的方法。戈登(H. Scott Gordon)(1954)认为,在自由竞争条件下,海洋渔业作为一种共有产权资源,个人的捕鱼努力最终会导致海洋渔业资源的枯竭,但是,戈登并没有提出如何降低个人捕鱼努力的方法。1968 年,哈丁在其一篇著名的论文中提出了"公用地悲剧"理论,并探讨了一些似乎可以避免"公用地悲剧"的方法及其缺陷。这段时期的研究主要是用外部性理论和公共物品理论来解释一些看似无法避免的"悲剧"问题,对解决问题的方法的探讨并不是研究的核心,经济学家普遍地笼罩在一种"悲观"的氛围中。

1970 年代,经济学家对渔业过度捕捞问题的研究延续了戈登和哈丁的基于公共物品理论和外部性理论的研究思路(Sweeney et al., 1973; Clark, 1973,1979; Anderson, 1976; Castle, 1978)。但是,这个时期的经济学家开始摆脱之前研究的"悲观"情绪,不仅探讨过度捕捞的成因,而且积极探讨保护、恢复和增加商业鱼类种群的可行的经济方法，如实行捕捞数量限额、休渔期、海洋保护区等制度。但是，这个时期的经济学家仅仅注意到过度捕捞对商业鱼类种群的损害，并没有思考过度捕捞对整个海洋生态系统的影响，如对非商业海洋物种、海鸟等的影响。

从1980年代开始，随着环境研究的逐步深入和生态系统理论的发展，经济学家出现了分化，一些经济学家继续使用公共物品和外部性理论对海洋渔业过度捕捞问题进行深入研究，提出使用产权私有化、休渔、数量控制等措施来限制过度捕捞问题(Grafton et al., 2000; Mansfield, 2004; Levy, 2010)；而另一些经济学家开始关注过度捕捞对海洋生态系统的影响，并认为过度捕捞是引起海洋生物多样性衰退的主要因素之一，渔业应该更加关注生物多样化和可持续发展(Hammer et al., 1993; Caddy & Seijo, 2005; Jackson, 2008)，但到目前为止，该派经济学家除了提出建立海洋保护区(marine protected areas，简称MPAs)(Dowling et al., 2012)，并没有能够提出既兼顾人类福利又能保护生态系统的更加合理的措施。

海洋渔业是人类利用海洋最早也是最初级的形式，随着科技进步，人类对海洋的认识加深，利用进一步扩展，如海洋矿藏开发、油气田开采、海洋化工等。这些更加深入的海洋利用模式可能带来的对海洋的负面影响也远远超过了海洋渔业，其负面影响不仅涉及的范围广，而且负面影响延续的时间也更为长久。如海上溢油事故，它不仅仅造成海水污染，其结果很可能是导致鱼类、海鸟的大量死亡，生物栖息地的消亡，甚至造成海洋生态的永久性破坏。并且，海洋溢油的后果的显现非常缓慢，一些后果可能在溢油后的几年甚至十几年才能显现出来。

过度捕捞研究针对的是拥有市场价格的海洋商业鱼类的可持续利用问题，但是，现代人类更加先进的海洋活动对海洋产生的负外部性远远超过了过度捕捞的后果：首先，不仅涉及有市场价格的商业鱼类，而且涉及无市场价格的海洋资源与环境；其次，不仅涉及海洋生态系统本身，而且还涉及依赖该生态系统生活或生存的其他经济主体；最后，无法明确地区分整个海域生态系统每一部分所受负外部性的大小。这促使外部性理论和公共物品理论与传统的成本-收益分析方法的结合。

用成本-收益分析法分析外部性问题是现代最为常用的分析方法。经济学家通过将一项经济活动的成本与收益划分为私人成本和社会成本，私人收益和社会收益来分析外部性问题。在分析负的外部性时，经济学家通常集中于对社会成本的分析，而在分析正的外部性时，则集中于对社会收益的分析。海上溢油污染作为一项有负外部性的经济活动，研究者主要集中于对海上溢油社会成本（简称溢油成本）的探讨，即将对因溢油污染导致的海洋损害的货币支付看做一种社会成本。故而一旦溢油成本问题讨论清楚，通过对溢油成本的经济补偿，溢油污染便可以成功的"内部化"。

1. 溢油成本外延的界定。溢油成本的外延是从事溢油研究的研究者们最早讨论的主题之一。确定溢油成本的组成既是污染者及其相关机构或组织进行补偿的依据，也是进行定量分析和实证研究的前提之一。尽管关于哪些支出可以计入溢油成本的讨论早在 1970 年就已经展开，但迄今为止，溢油成本的外延仍然不是非常明确。因此，研究者在对溢油成本进行数据分析时往往对溢油成本的构成产生分歧，这也是导致计量结果产生差异的主要原因之一。早在 1977 年，Homles 就分析了溢油成本的构成问题，认为除了油和设备损失外，溢油成本还应包括清污成本、支付给第三方的补偿和杂项行政成本。由于受传统经济理论的制约和生态环境研究自身的一些缺陷[①]，在整个 1970 年代，溢油污染的环境损害问题并没有引起各国足够关注，故 Holmes 也没有将环境损害纳入溢油成本中。此外，Holmes 关于溢油成本的外延也与《1969 年责任公约》关于"油污损害"的界定不符[②]。随着溢油事故的频发及案例处理的增加，Grigalunas et al.（1986）详细地分析了溢油的成本问题，认为溢油成本应该包括应急成本、清污成本、修复成本、海洋资源成本、娱乐损失、旅游业损失和其他成本 7 种，不再提油和设备损失及行政成本，但也没有明确提到环境损害成本。Helton & Penn（1999）讨论了溢油的私人和社会总成本，认为在溢油总成本

① 尽管"公地悲剧"的讨论引起了理论界的关注，但如何避免该类问题的实践进展则较为缓慢，主要的阻碍原因存在以下几点：1. 生态环境无产权，索赔主体不明确；2. 生态系统服务价值的度量问题，这一直是生态经济学或者环境经济学面临的一个最大难题，尽管经济学家设计了许多模型，但到目前为止，没有任何模型能够被完全接受，IOPC Funds 就明确表示不接受基于模型推算的对于生态（环境）的索赔。

② 《1969 年责任公约》第一条第 6 款明确指出，油污损害是指运油船舶本身以外因污染而产生的灭失损害，因此，油及船舶的损失不应计入溢油成本。

中，不仅要包括政府的应急成本和资源损害成本，还应包括私人应急成本、第三方索赔、船舶或设备修理成本，并通过具体案例分析得出自然资源的损害和评估成本仅占总责任的一小部分。这两篇文章关于溢油成本外延基本持相同观点，尽管都提到资源损害成本，但仍然没有明确提出环境损害成本。随着生态环境破坏问题日益严重，《1992 年责任公约》增加了对环境损害的补偿。显然，Helton & Penn 并没有参考该公约。但此后的研究者都将环境损害列为溢油成本的重要组成部分。Liu & Wirtz(2006)详细地讨论了溢油成本问题，其文章将溢油总成本分成五类：环境损害、社会经济损失、清污成本、研究成本和其他成本，并认为研究成本应该引起研究者的关注。2009 年，Liu & Wirtz 将原先的五类成本重新归类为三种成本：环境损害成本、社会经济成本和应急成本。在文章中，Liu & Wirtz 认为所谓的环境损害成本是指自然资源因溢油污染所导致的服务的损失，这类似于生态经济学中生态系统服务功能的下降；社会经济成本则是外部性成本；应急成本基本等同于清污成本，大体包括其前面文章的清污成本、研究成本和其他成本。Kontovas et al.(2010)则将 Liu & Wirtz(2006)的五类成本归纳为三类：清污成本、社会经济成本和环境损害成本，而清污成本则与 Liu & Wirtz(2009)应急成本的含义相同，即包括移除、研究和其他成本。Vanem et al.(2008)认为，总成本应包括搜救清污成本、船货损失成本、私人损害/生命损失成本、环境损害成本 4 种，但对每种成本具体包含哪些项目并没有给出具体的解释。Cohen(2010)专门讨论了溢油成本的构成，认为溢油成本包括私人和外部成本两部分，前者包括油井和相关设备的损坏、清污成本、诉讼成本等，后者包括工人受伤和丧命、自然资源损害、受影响的商业导致的收入损失(如渔业、旅游业)、清污成本等。尽管不同研究者对构成溢油成本的成分持不同意见，但是，到目前为止，对溢油成本至少应包含清污成本、社会经济成本和环境损害成本三项，研究者的意见则是一致的。而清污成本则成为研究者定量研究的重点，在许多研究者的文章中，研究者往往用清污成本替代溢油成本，这与 IOPC Funds 在处理溢油事故时补偿的范围与特点相一致。在 IOPC Funds 已经支付的 136 起溢油事故中，赔付的项目主要包括清污、渔业损失、旅游业损失、其他财产损失、环境损害、其他成本支出等(Kontovas et al., 2010)。在 20 世纪所发生的海上溢油污染事故的处理中，通常清污成本所占的比重最大，而进入21世纪之后，其他成本的比重逐渐上升，并超过清污成本，如对第三方的补偿、环境损害补偿等。

2. 构建测算溢油成本的模型。尽管测算溢油成本的研究在1970年代已经萌芽，但直到1990年代后期，测算溢油成本才成为关于溢油污染补偿问题研究的主流趋势。最早测算溢油成本问题的是Holmes。1977年，Holmes在提交给国际溢油会议(IOSC)的论文中提出了一个海上溢油清污措施成本的模型。作者首先假设溢油蒸发率在前三天有效并是递减的(分别15%、10%和5%)，而自然分解率为15%，但第一天为总溢油量的15%，而此后的时间里共分解剩余量的15%。在此假设下，文章分析了溢油位置、清污战略选择和溢油量对清污总成本和平均成本的影响。而最早明确使用成本收益法研究溢油问题的是美国经济学Mark A. Cohen。1986年，Cohen利用成本收益法对美国已发生的溢油补偿案例进行分析，分析了溢油量、清污成本和环境损害之间的定量关系。通过分析，Cohen认为，美国海岸警卫队实施的溢油阻止措施无论是在总的方面还是在边际方面，其收益都超过了成本。Cohen估算出阻止一加仑溢油的社会边际成本是5.5美元，而边际收益则是7.27美元。但是，此后十几年中，似乎再没有研究者使用定量方法研究海上溢油污染损害的补偿问题。从1999年开始，国外的研究者重新使用定量方法研究溢油成本问题，而IOPC Funds的补偿案例成为研究者研究数据的主要来源。Etkin(1999，2000)在两篇文章中探讨了决定溢油清污成本的因素并计算了各因素对清污成本的影响度。Etkin认为决定清污成本的因素主要是溢油的油品、时间和位置、受影响区域的敏感度、当地的责任限制、地方和国家的法律及清污战略，但两篇文章仅计算了溢油地点、油品、溢油战略和总溢油量与清污成本间的数量关系。2004年，Etkin在之前及美国其他机构研究的基础上，为美国环境保护局(Environmental Protection Agency，简称EPA)设计了一个基础溢油成本评估模型(BOSCEM)，在此模型中，Etkin将溢油成本扩展到溢油应急处理成本、环境成本和社会经济成本，而不仅仅是溢油清污成本。并提供了用BOSCEM计算三种成本的简便方法，在附件中，Etkin给出了运用BOSCEM计算的基于不同油品的不同溢油量的应急处理成本、环境成本和社会经济成本的具体数额。

Liu & Wirtz(2006，2009)分别构造了溢油导致的环境损害和社会经济损失的两个理论模型，并利用这两个模型计算了溢油导致的环境损失、短期和长期的社会经济损失。

Shahriari & Frost(2008)利用多元线性回归分析了清污成本与溢油量、油的密度、离岸距离、风速、水温、人均 GDP、准备水平等 10 个因素之间的线性关系。通过分析，作者得出了两个预测模型。这两个预测模型仅包含了清污成本与溢油量、油的密度、准备水平三个因素之间的线性关系。作者将其模型与 Etkin 的 BOSCEM 模型进行了对比，认为其模型在准确率方面要优于 BOSCEM 模型。

Kontovas et al.(2010)利用 IOPC Funds 数据分析了溢油量和清污成本、溢油总成本之间的关系，通过对数线性回归，Kontovas et al.推导出了两个公式：清污成本公式和溢油总成本公式，并在此两个公式的基础上推导出了单位清污成本、单位溢油总成本公式和边际清污成本、溢油总成本公式。并计算了 2009 年美元价值的平均清污成本和溢油总成本分别为 1 639 美元/公吨和 4 118 美元/公吨。Alló & Loureiro(2013)在数据和变量两个方面扩展了 Kontovas et al.的模型，考察了船型(单层船、双层船)、季节、时间、时代、受害国法律制度、事故原因等不同因素对总损害的影响。Alló & Loureiro 的研究与 Shahriari & Frost(2008)的研究除在考虑的具体因素有所差别之外，其研究方法基本相同，全部使用的是多元线性回归分析。但由于两篇文章在回归模型中考虑的要素过多，所以其可信度都有可能会降低。

通过搜索国内的两大学术文献数据库(万方数据和中国知网)，本研究发现，截至 2015 年 12 月 31 日，国内并没有基于实际数据的关于海上溢油成本问题的定量研究文章，而仅有的两篇关于溢油补偿的线性回归分析主要集中在数学模型构建和仿真方面，没有实际数据的支撑(周国华和何金灿，2010；彭陈，2012)。

2.1.3　外部性理论和公共物品理论在解决海洋污染方面的局限

外部性理论和公共物品理论作为传统的海洋污染治理理论的局限主要表现在两个方面：

1. 导致污染治理中“头痛医头，脚痛医脚”现象和补偿不足问题。尽管外部性理论和公共物品理论是作为对传统的德布鲁-阿罗-瓦尔拉斯分析范式的冲击兴起的，但其最终被纳入到了规范的传统经济学中。在这个过程中，该两个理论不得不进行一些“削足适履”的修改以符合规范的经济学分析。这一点在研究者使用成本收益法分析海上溢油污染经济补偿时表现得尤为明显：首先，从已有的文献可以看出，作者关于溢油成本外延的界定随着实践的发展和研究的深入不断变动，由最初的仅包含清污成本和支付给第三方的补偿费用，到现在已将环境损害、资源损害等纳入其中，溢油成本所包含的范围不断扩大。这种变动导致了两个问题：一是给前后文献的比较带来了困难。由于早期的文献和现在的文献关于溢油成本所包括的项目不一致，那么，前后文献所得出的计量结果的直接比较就失去了意义。二是增加了该类研究的主观性。由于没有统一的溢油成本的内涵和外延，所以不同的研究者可以根据其研究目的的需要增加或者减少溢油成本所包含的项目，并且在分析实际补偿数据时可以根据作者对各个项目的不同定义将支付给同一对象的费用归入不同的子项目，如评估和研究费用，有的研究者将其归入环境损害成本，有的将其归入清污成本。这导致了该领域研究的混乱，降低了研究的可信度。其次，在已有的测量溢油成本与其影响因素之间数量关系的文献中，作者要么是测算溢油成本与尽可能多的影响因素之间的数量关系，要么是仅仅测算溢油成本和溢油量之间的关系。如前所述，前者由于测量的要素过多，模型的拟合度和可信度降低；而后者并无法证明溢油量在诸多影响溢油成本的因素中是最重要的因素。正如本书后面的实证所得，在影响溢油成本诸因素中，事故离海岸线的距离和船东责任限额对溢油成本的影响远远超过溢油量的影响。最后，由于研究者对外部性所导致的社会成本的理解不同，所以在进行社会成本外延界定时产生较大分歧。通过以上的分析可知，在研究海上溢油成本的外文文献中，研究者关于溢油的总成本基本由三个部分构成的观点基本一致，即溢油总成本由清污成本、社会经济成本和环境成本构成。在计量过程中，由于无法获得真实成本，所以研究者通常使用溢油污染事故的实际货币补偿数据作为成本数据的替代；研究者在研究过程中所遇到的另一个较大困难是，许多补偿数据往往仅给出补偿总额，并没有列明三种成本的详细数据，很难区分哪些是清污成本，哪些是环境成本，因此，研究者要么缩减案例数量，要么用补偿总额替代所要研究的目标成本(如清污成本、环境成本)。这也是导致不同文献计量结果差异较大的重要原因之一。

2. 将经济系统与生态系统作为两个并列的系统，忽略了溢油污染对生态系统的损害。随着外部性理论和公共物品理论成为规范的经济分析理论，其从最初的以经济行为导致的非经济主体的所受到的正的或负的效应为研究重点转变为以保证市场运行效率为研究重点，从而忽视了非经济系统因人类经济行为所遭受的损害。如前面所述，研究者在进行社会成本划分时，最初并没有考虑溢油污染对环境(生态)的损害，直到 1990 年代，研究者才逐渐将环境成本、生态成本纳入溢油污染导致的社会成本之中。这导致了实践中，很长时间内，非经济行为主体所遭受的损害无法获得经济补偿。

2.2　新海洋污染经济补偿理论：生态系统服务价值理论

环境问题变得越来越严峻，经济学家在进行经济分析时不能再“假装自然不存在”。传统上，经济学家所强调的基于可持续发展理论的资源利用集中于商业资源的开发和保护，忽视了非商业性资源的保护；而在非商业性资源保护时，强调对某一物种或某一环境的保护却造成了对其他物种或环境的伤害。传统的环境保护研究和机制显得支离破碎，人类需要新的理论指导生态保护实践，生态系统服务价值理论应运而生。

生态系统方法被引入到经济学领域源于经济学家对经济可持续发展的担忧。经济学主流研究方法在资源与环境管理、海洋利用与保护等领域的局限不仅促使经济学对主流经济理论进行反思，而且促使经济学家寻找新的经济分析方法。经济学和生态学的结合显示了强大的生命力，生态系统分析法一度成为经济学时髦的名词。尽管经济学家和生态学家对生态系统的内涵和外延存在分歧，但是这并不能阻止生态系统方法成为分析经济现象尤其是环境污染与自然资源管理方面的有力工具。

2.2.1　生态系统服务价值理论的发展脉络

1935 年，英国生态学家坦斯利(A. G. Tansley)创造了一个新词——Ecosystem

（生态系统），生态系统的概念一经提出便引起了生态学家的极大兴趣，促使大量研究文章的问世。随着生态系统研究的深入，生态系统分析方法扩展到许多学科，如自然科学的生态学、土壤学、植物学、海洋学、环境科学等[①]，形成了生态系统生态学、生态系统土壤学、生态系统地质学等次级学科；社会科学中的人口学、人类学、社会学甚至心理学都引进了生态系统分析方法。生态系统成为一个时髦的话题。但是“生态系统”这个词进入经济学领域却比较晚，这可能是由于生态学家和经济学家之间的某种对立所导致的。甚至到1990年代，仍有学者认为经济学和生态学的强结合是不可能的，弱的结合是可行的，弱的结合只对环境政策的发展起到有限作用（Russell，1996）。这种对生态学和经济学结合的悲观思想延续了生态学家将人类自身排除在生态系统之外的传统做法。尽管生态学家并不看好生态学与经济学的结合，但是经济学家天生的乐观态度阻止了这种悲观情绪的扩散，一些经济学家致力于消除生态学家与经济学家之间的“隔阂”，生态经济学的诞生使这种“隔阂”的逐渐消失迈出了实质性的步伐。

尽管Schultz于1960年创造了一个新的名词——ecosystemology（可以译为生态系统方法论），并在加州大学伯克利分校开设了相关课程，但是，ecosystemology这个词并没有流行起来。1962年，Schultz在提交给加州大学伯克利分校自然资源委员会的一篇论文中，首次将生态系统作为概念性的工具引入自然资源管理中，并且提出了生态系统管理的概念。该篇论文1967年被收到由V. Ciriacy-Wantrup and J. S. Parsons主编的《自然资源：质量和数量》一书中。但是不幸的是，Schultz的该篇论文并没有受到经济学家的重视，生态系统管理方法并没有受到重视。这可能是因为Schultz不是经济学家，或者是因为他后来没有转向生态经济学的研究。

1966年，Kenneth E. Boulding发表了著名*the Economics of the Coming Spaceship Earth*（可以译为《未来宇宙飞船地球经济学》）文章。Boulding在文章中指出，未来的地球就像一艘宇宙飞船，是封闭的，人类不能再像驰骋于无边无际平原上的“牛仔”一样任意所为。因此，Boulding明确指出，经济增长是无限的观念是荒谬的，人类的生产和消费必须考虑环境的承载力，必须考虑子孙

① 王金平等，国际生态系统研究发展态势文献计量分析，《地球科学进展》，2010年10月，第25卷第10期，第1107—1108页。

后代的福利。尽管 Boulding 在全文中仅仅两次提到生态系统——ecosystem 或 ecological system，并且没有给出生态系统明确的定义和范围，但是 Boulding 分析经济现象的思维模式与后来生态经济学所倡导的生态系统管理的经济分析方式非常类似。

Georgescu-Roegen 的经济学研究可以分为两段，前半段他一直致力于新古典经济学（neoclassical economics）"纯理论"研究。Georgescu-Roegen 关于消费者效用和生产函数的研究为他获得了极大的声誉，受到同时代经济学家的高度赞扬。甚至 Paul Samuelson（1965）称他为"学者中的学者，经济学家中的经济学家"。Mark Blaug（1985）认为他是凯恩斯之后的伟大经济学之一。由于日益严重的环境问题，Georgescu-Roegen 从 1960 年代开始重新审视新古典经济学的消费和生产理论，认为经济过程受风俗习惯和生物物理规律制约（Georgescu-Roegen，1960，1965）。Georgescu-Roegen 开始将经济过程看做生物过程，从而将热力学第二定律引入到经济分析中，试图将生物的、社会的和自然地结合起来分析经济过程，并创造了"生物经济学"（bioeconomics）单词。1971 年 Georgescu-Roegen 出版《熵规律和经济过程》（*the Entropy Law and the Economic Process*），该书成为将生态学与经济学结合起来的第一部划时代著作。

作为 Georgescu-Roegen 最为杰出的学生，Herman E. Daly 继承了其导师分析经济问题的方法。Daly（1968）指出了生物学和经济学研究的相似之处，即都是研究"生命过程"。Daly 认为，生物学研究"皮肤内"的生命过程，经济学研究的是以商品及其相互关系为主导的"皮肤"外的生命过程，在这种意义上，经济学应当是生态学的一个部分。在文章的最后一部分，Daly 提出了一个生态视角下考虑人类经济的更加一般的"一般均衡模型"的方法。

这四位学者采取了也许是超越同时代学者的分析方法，"背离"了主流经济学的分析范式，希望在经济学和生态学之间架起一座"桥梁"，期望拉近生态学家和经济学家的距离。尽管 Schultz 似乎被当代生态经济学家所遗忘，但是 Boulding、Georgescu-Roegen 和 Daly 却被作为了最早的生态经济学的尝试者，"生态经济学之父"的光荣称号被赋予这三位早期的拓荒者。

20 世纪 60、70 年代无疑是经济理论发展史上的"混乱的年代"。面对"滞胀”，凯恩斯主义经济学手足无措；面对日益恶化的自然环境，传统主流经济学显得力不从心；布雷顿森林体系的崩溃更是给经济学理论雪上加霜。经济学需要新的理论来解决现实问题，各种经济理论应运而生，经济理论界出现了“百家争鸣”的局面。

在过去的40多年中，生态系统经济理论的研究沿着四条道路继续被推进，一是对生态系统服务价值的评估；二是生态系统管理方法研究，即如何实施基于生态系统的管理，如管理目标的设定与分解，工具、手段等的选择；三是生态系统管理的实施及效果评价；四是生态系统损害及其损害的补偿。这四个方面的研究需要生态学家、经济学、环境学家、社会学家、法学家及政策决策者等的通力合作，这也体现了生态系统经济理论的综合性、整体性和系统性的特点。目前，一和四的研究往往融合在一起，即对生态系统服务价值的评估往往为生态系统损害及其补偿提供一个基础，而对生态系统损害的经济补偿又可以为生态系统服务价值评估提供一种有效的手段。鉴于本书研究的范围与目的，作者主要集中于对一和四的国内外研究状况进行介绍。

2.2.2 生态系统服务价值理论的基本思想

虽然主流经济学的许多理论受到质疑与批判，但是如果经济学家在分析生态系统时完全抛弃了价值、效用与福利的分析，那么我们很难将生态系统的经济学分析与其他学科区分开来，那么生态经济学也很难成为一门学科。因此，价值便成为经济学家分析生态系统时不能绕开的一个核心问题，经济学家必须解决生态系统货币化衡量问题。传统经济理论中，经济学家一直将生态系统中的某些组成部分作为自由物品，其提供的服务是无限的，依据边际效用价值规律，无限的生态系统服务价值必然等于零。因此，理论家和政策制定者在涉及生态系统服务价值时，也是将其等于零处理。随着生态环境恶化，良好的生态系统成了稀缺物品，这为生态系统服务价值研究进入经济学领域提供了一个前提。学者开始估算生态系统服务的价值，以便为经济活动和政策制定提供更深入的指导。这也为生态损害的经济补偿提供了理论支撑。

1. 生态系统是具有价值并且可以测算的。在过去的40多年中，研究者努力尝试对某一具体生态系统进行估值，或者对具体生态系统在某一产品生产中的贡献进行货币价值估算。1960 年代，基于使用或者生产的目的，研究者已经开始尝试计算原本被认为没有价值的湿地和海涂的货币价值。1970 年代，研究者在前人研究的基础上，扩展了测算湿地和海涂价值的范围。在计算过程中，研究者不再局限于仅仅计算湿地或海涂对生产贡献的价值，而是将湿地或海涂看作一个生态系统，尝试测算作为生命支持系统的湿地或海涂的价值(Wharton, 1970; Lugo et al., 1971; Gosselink et al., 1974; Batie, 1978)，这为生态系统服务价值概念的提出和测算奠定了基础。

Gosselink et al.(1974)通过收入资本化法估算了海涂对渔业等生产的贡献为每年每英亩 100 美元，对治理污染的贡献为每年每英亩 2 500 美元。同时，Gosselink et al.将海涂看成一个生态系统，计算了海涂生命支持价值，假设按照 5%的利息率计算，那么每英亩海涂生态系统的价值应当为 80 000 美元。Gosselink et al.的文章引起了关于自然湿地管理的公共政策的长期而广泛的讨论，并且进入到美国 1976 年召开的关于《1972 年联邦水污染控制法案修正案》的听证会。但是一些学者拒绝使用 Gosselink et al.所提出的方法，并且认为该方法只不过是对经济学家为市场分析需要所提出的技术的最随便的理解(Walker, 1974)。更有学者认为 Gosselink et al.对湿地货币价值的估计不仅概念上是错误的，经验上也是站不住脚的，因此，其对湿地货币价值的估计非常有可能是不正确的(Shabman & Batie, 1978)。

Batie et al.(1978)对弗吉尼亚海滩湿地在牡蛎生产中的经济价值进行了估算，并且提出了一个具体的计算公式，海滩湿地在牡蛎生产中的边际价值产品为 $MVP=P_{tj}(f'(X_{tjik}))$。P_{tj} 是 t 时期内 j 地区每磅牡蛎的价格，$f'(X_{tjik})$ 是 t 时期 j 地区每英亩海滩湿地边际产品，如果折现率为 r，那么 t 时期 j 地区每英亩海滩湿地的价格是 $P=MVP/r$。Batie 通过假设牡蛎生产函数为柯布-道格拉斯生产函数，利用弗吉尼亚 17 个县的数据计算出弗吉尼亚海滩湿地的价格大约为 17 650 美元，这比 Gosselink et al.计算的海涂的价格要低得多。尽管 Batie 曾经对 Gosselink et al.使用的方法进行了尖锐的批评，并提出了如何计算海滩湿地价值的公式，但可以看出，Batie 的方法并不比 Gosselink et al.更先进，本质上，仍然不过是收入资本化法的另一种变形。

1970 年代对生态系统货币价值进行系统梳理和阐述的是 Westman。1977

年,Westman 总结了前人对生态系统货币价值的估算并指出,随着先前被人们认为没有价格的物品和质量的货币价值越来越受到重视,政策制定者希望通过未开发状态下自然带给社会的收益与资源开发带来的收益比较,找到制定政策的客观基础。Westman 扩展了生态系统功能给社会带来的收益,包括 9 大类:直接收获可销售产品(鱼、矿产等)和获得有价值物种的遗传资源(农作物、木材植物、动物等),娱乐、美的享受和研究,吸收和分解污染物,营养循环,土壤形成,有机废弃物降解,保持大气平衡,管理辐射平衡和气候,固定太阳能。这 9 类收益成为 Costanza et al. 经典论文对生态系统服务划分的雏形。同时,Westman 认为生态系统功能是动态的,并指出了在以往一些研究中的局限。但是,Westman 并没有给出他所总结的生态系统功能的货币价值。

2. 生态系统功能和服务是不同的,生态系统服务是有价值的和可以衡量的。生态系统价值的测算受到各个方面的质疑,因此,整个 1980 年代至 1990 年代上半期,对生态系统货币价值衡量的研究基本陷入停滞。货币价值作为经济学术语,如果生态系统不能与人类的经济行为发生直接的联系,那么其货币价值的衡量必然会受到质疑。生态经济学家必须找到生态系统与经济系统的某种必然的联系,才能解决其价值衡量问题。Costanza et al.(1997)的经典论文完美地解决了这个问题,奠定了此后生态系统服务价值测算基础。Costanza et al.首先区分了生态系统功能和生态系统服务,生态系统功能是指各种各样的生态系统的栖息地、生物的或系统的特性或过程;生态系统服务是生态系统物品和生态系统服务总称,表示人类直接或间接从生态系统功能中获得的利益。这种区分解决了该领域的一个重要难题,即生态系统和价值相联系的问题:价值作为理性人边际效用的货币化,与生态系统给人带来的效用相关,一旦生态系统的存在与理性人的边际效用有关,则与生态系统有关的货币测量便可以实现。其次,Costanza et al.等将生态系统服务分成 17 项,并依据以往的文献对全世界生态系统服务(不包括不可再生的燃料、矿产和大气)进行了估值,认为 1994 年全世界生态系统服务价值为 332 680 亿美元。Costanza et al. 认为生态系统服务价值是动态的,但每年生态系统服务价值应该在 16 万亿—54 万亿美元之间,平均大约为 33 亿美元,约为当年全世界的 GNP 的 1.8 倍。

自 Costanza et al.经典文章发表以来,生态系统服务价值成为一个极具争议但非常热门的话题，其研究大致沿着两个方面前进：其一，研究生态系统服务价值评估中可能面临的问题(Costanza et al., 1998; Geoffrey Heal, 1999; Howarth & Farber, 2002)，这部分研究主要集中在 Costanza et al.文章发表后的 4、5 年内，此后，该类研究逐渐稀少。Costanza et al.(1998)对其 1997 年文章中的一些问题进行了总结，如局部的静态的分析而非一般均衡的动态的分析、影子价值等，并回答了一些研究者的质疑。Geoffrey Heal(1999)指出了生态系统服务价值评估中可能遇到的问题，认为即使拥有最详实的数据和最好的理解，从某种意义来说，经济学能够评估的生态系统服务的价值也是有限的，因此，对生态系统的保护，评估其价值倒不如提供某种激励显得更重要。Howarth & Farber(2002)尝试将生态系统服务价值测算与人类福利联系起来，推导出生态系统服务价值测算的比较静态和动态的理论模型。随着研究者在生态系统服务价值测量方面一致性的增加，研究者对其应用的重视超过了对问题本身的探讨(Cowling et al., 2008; Daily & Matson, 2008; Daily et al., 2009; Muradian et al., 2010)，该方面的研究基本停止。其二，测算具体的生态系统服务价值(MA, 2005; Nunes et al., 2009; Zander et al., 2010; Honey-Roses & Pendleton, 2013; Maynard et al., 2015)。尽管对生态系统服务价值的评估仍然存在争议，但是 Costanza et al.的文章为理论界和实践领域提供了基础性的研究框架，生态系统服务价值的概念也被研究者和政策制定者广泛接受。最近几年，测算具体的生态系统服务价值成为研究的主流。2001 年，联合国牵头进行了一个为期四年的国际合作项目——千年生态系统评估项目(Millennium Ecosystem Assessment，简称 MA)。MA 由两份报告、一份评估框架和一份理事会声明构成。尽管 MA《生态系统与人类福祉：评估框架》的内容并没有多少独创之处，如其生态系统、生态系统服务概念、对生态系统功能与服务的划分等基本来自于已有文献，其对生态系统服务价值的评估方法基本上也是之前文献所使用的，但是，MA 是第一次对生态系统理论最为系统的综合，也是第一次在世界范围内开展的最为详细的、最为全面的生态系统调查。

2.2.3　国内对生态系统服务价值的研究

国内对生态系统服务价值测算的研究基本上与国际同步。1999 年，陶大立将 Costanza et al.的论文翻译成中文，将生态系统服务价值的概念引进到中国；同年，研究者发表了一些关于中国生态系统服务价值的文章。进入 21 世纪之后，对生态系统服务价值的研究获得了迅速发展。国内对生态系统服务价值研究主要集中在两个方面。

其一，集中于对国内外研究的介绍及不同评估方法的比较上。国内一些学者对国内外全球生态系统服务价值评估的研究进行了总结和梳理，如国内外研究的进展、国内外关于不同生态类型服务价值的评估的进展、生态系统评估方法及存在的问题等，提出了今后生态系统服务价值评估发展的领域和趋势（辛琨等，2000；谢高地等，2001；桓曼曼，2001；刘玉龙等，2005；李喜霞等，2006；武里磊，2007；赵桂慎，2008）。陈源泉等（2003）对生态系统服务价值的市场转化问题进行研究并提出了市场转化率概念，但此后生态系统服务价值的市场转化问题并没有引起理论界和实践者的研究兴趣。

其二，致力于国内不同生态类型和不同区域的生态系统服务价值的测算。这些研究主要集中于三个方面：对陆地、海洋生态系统服务价值的测算；对森林、草地、湿地等生态系统服务价值的测算和对区域和城市生态系统服务价值的测算。除选择的目标区域不同外，国内对三个方面的研究类似，鉴于文献数量过于庞大和本书研究目的需要，本书仅就第一个方面的文献进行评述。

欧阳志云等（1999）对中国陆地生态系统服务功能进行了分析，并应用影子价格、替代工程等方法按照不同功能评估了我国生态系统服务价值，计算出中国陆地生态系统有机质生产间接价值为 1.57×1 013 元/a，固定 CO_2 总经济价值为 7.73×1 011 元/a，释放 O^2 间接经济价值为 2.84×1 012 元/a 等。尽管在使用的测算技术方面存在标准不统一，在测量时出现重叠等问题，但这是中国研究者第一次比较系统的测量中国陆地生态系统服务价值。继欧阳志云之后，毕晓丽等（2004）、何浩等（2005）分别采用不同数据和技术测量了不同年份的中国陆地生态系统服务价值，但两篇论文所得出中国陆地生态系统服务价值量的差异较大（毕文测量中国陆地生态系统服务价值为 40 690 亿元，张文测量了 2000 年中国陆地生态系统服务价值为 91 700 亿元）。

2003 年，徐丛春和韩增林从 Costanza 等人的研究成果中选取了部分指标，尝试建立评估海洋生态系统服务价值的框架，拉开了海洋生态系统服务价值评估的序幕。此后，国内的研究者致力于海洋生态系统服务价值评估体系的构建（陈尚等，2006；石洪华等，2007）。到目前为止，国内并没有出现整体海洋生态系统服务价值评估结果的文章，但对局部海洋生态系统服务价值的测算取得了长足的发展。2004、2006 年，孙玲、朱泽生等利用遥感技术，通过对 TM 影像的解译，运用 Costanza 方法分别计算了大丰市和东台市滩涂生态系统服务价值并比较了其历史变化。2005 年，国家海洋局启动一项为期 5 年的研究计划——海洋生态系统服务功能及其价值评估。赵晟等（2007）运用能值理论对中国红树林生态系统服务价值进行了评估，认为中国红树林生态系统服务价值为 12.6×10^8 元/年，9.24×10^4 元/ hm^2。这是第一次对国内红树林生态系统服务价值的评估。目前，国内学者主要致力于区域海洋生态系统服务价值的评估工作，但相关文献并不多。如对桑沟湾、海州湾及三湾（辽东湾、渤海湾和莱州湾）生态系统服务价值的评估（张朝晖等，2007；石洪华等，2008；吴姗姗等，2008；刘亮，2012；张秀英等，2013），对辽宁、广东近海生态系统服务价值评估的研究（张华等，2010；李志勇等，2011）。

2.2.4　海上溢油生态损害经济补偿：生态系统服务价值理论的应用

人类对环境的关注由仅考虑污染发展到针对生态损害的研究有两个主要原因：第一，生态系统服务价值的研究为生态损害经济补偿奠定了基础；第二，理论界和实践部门开始更加全面的考虑环境污染或者环境损害问题，不再局限于研究仅以环境为媒介的污染给人类健康、经济活动带来的影响。

溢油是造成海洋生态损害的主要来源之一，海洋溢油包括三类：一类是海上油井溢油；一类是船舶溢油；一类是陆源溢油大量流入海洋。世界第一次漏油事故发生在 1907 年，Thomas W. Lawson 在英国锡利群岛触礁沉没，船上所载 58 000 桶液态石蜡油（light liquid paraffin oil）全部泄漏到海中。但是，这次海上溢油事故并没有引起各国的关注。

尽管经济合作与发展组织环境委员会 1970 年代初就提出了“污染者负担原则”，但是海洋溢油所造成的生态损害的经济补偿问题一直是争议的焦点。争议集中在三个方面：第一，受损害的生态系统的范围，即采用什么标准确定受损害的生态系统的边界问题。由于受海水流动、风、潮汐等的影响，油污扩展的面积会逐步扩大，但油污对生态系统的损害以溢油点为中心逐级递减，如何确定受损害的生态系统的边界则是进行经济补偿的基础。第二，受损害的生态系统的价值大小。目前世界上流行的估算生态系统服务价值的方法比较多，如市场价值法、旅游成本法、条件价值法、生境等；没有哪种或者哪几种估算生态系统价值大小的被普遍接受。第三，谁能够代表生态系统获得因损害而引起的经济补偿，由于产权问题，生态系统不归于任何组织或个人所有，那么，损害主体所提供的经济补偿应该由谁负责便成为急需解决的问题。国内外的研究主要集中在这三个方面。

国外对溢油的关注最早可以追溯到20世纪20年代（Gutsell，1921；Lane et al.，1925；Orton，1925），20世纪30—50年代由于战争及战后经济恢复，关于海上溢油研究的文章几乎没有。关注海上溢油对生态的影响研究兴起于1960年代，大规模研究则出现于1990年之后，这是生态系统货币价值研究由理论逐步进入实践的重要成果。

溢油对生态造成的损害的机理研究是要求污染者对生态进行经济补偿的基础。1960—70年代，研究者开始研究溢油造成生态损害的机理。1960年代初，英国米尔福德港（Milford Heaven）溢油事故对海洋生物的影响引起了广泛关注，生态学家深入研究了该次溢油对海洋鱼类、动物、植物、生态环境以及近海娱乐功能的影响（Dias，1960；George，1961；Nelson-Smith，1964，1965，1967）。Nelson-Smith（1968）研究了溢油以及除油乳化剂对英国西南部海岸生物的影响。Cowell（1969）采用计量方法对英国彭布尔克郡（Pembrokeshire）和康沃尔郡（Cornwall）盐沼的生物群落对油污的反应进行了研究，这是第一次采取计量方式研究油污对生态的影响。Shelton（1971）研究了海洋油污本质、油泄漏后的运动方式、治理方式以及溢油后产生的毒性和对鸟类的影响。这与当时所进行的生态系统货币价值测算的研究平行进行，为此后研究溢油生态损害的经济补偿问题提供了条件。这些研究为1975年《1969年责任公约》和1978年《1971年基金公约》的实施奠定了理论基础。

随着《1969年责任公约》的实施和IOPC Funds的成立，1970年代后期至1990年代初，溢油对生态影响的研究成果主要集中在法律法规领域。由于《1969年责任公约》和《1971年基金公约》没有单独明确列明溢油导致的生态损害如何进行经济补偿，所以一些研究者开始呼吁建立生态损害补偿机制并探讨如何确定生态损害的经济补偿额（Wood，1976；Pfennigstorf，1979；McThenia & Ulrich，1983；Psaraftis et al.，1986；Adewale，1989）。鉴于1989年Exxon-Valdez油轮溢油对生态系统造成的严重损害及法律判决中逐渐显露的局限性，对其研究的文章逐渐增多（Goldberg，1994；Paine et al.，1996；Shaw & Bader，1996）。同时，法律专家开始重新审视有关环境的国际法和国内法以及跨界污染的国际惯例规则问题（Turner，1990；Harvard Law Review Association，1991；Merrill，1997）。这些文章对没有明确纳入《公约》补偿范围的无市场价值的环境或生态的经济补偿问题进行了深入的研究，对促使缔约国重新考虑对《公约》进行修订以便考虑对溢油造成的生态损害进行经济补偿起到了积极作用，也促使许多国家先于《公约》将生态损害的经济补偿问题纳入本国法律体系考虑范围内。

随着1997年Costanza et al.文章的发表，国外生态学家和经济学家开始致力于海上溢油生态损害经济补偿的研究，已有的研究大体上可以分为生态学式的研究和经济学式的研究，前者又可以分为个案研究和整体研究，而后者主要采取成本收益法从整体上研究溢油生态损害经济补偿问题。本书第四章将对成本收益方法分析海上溢油生态损害经济补偿问题的文献进行详细分析。

个案研究主要集中于分析单个溢油案例生态损害经济补偿行为，如对Prestige油轮、Exxon-Valdez油轮、墨西哥湾等溢油事故的分析。Negro et al.（2007）以西班牙加利西亚省（Galicia）Prestige油轮溢油为例，分析了欧盟关于评估法律规定的一些缺陷，并认为依照欧盟法律规定评估方法评估后的补偿远远低于受损害者应该得到的补偿。

整体性研究主要从测量方法的适用性角度分析海上溢油生态损害经济补偿问题。Chuenpagdee et al.（2001）提出了一个新的用于测量环境损害及价值损失的方法，即将受害者的决策建立在预先决定的固定的程序上，在给定一定约束条件下，让受害者做出决策。Carson（2012）对条件估值法（contingent valuation，CV）的历史、经济理论基础以及可能导致的误差进行了分析。Carson认为，尽管条件估值法不完美，但在评估溢油导致的损害测量无市场价值的生态损失时仍然是一个良好方法。

由于生态系统服务由多个部分组成，所以许多文献在研究溢油生态损害经济补偿时往往是选择几个部分来测算生态系统服务价值，如经济、文化娱乐、自然资源等。其原因不外如下：其一，这些组成可能是人类在经济活动时最为关注的方面，也是在生态系统服务价值中占比重最大的部分；其二，这几个部分由于有市场价格作为参考，所以在测算时客观性较强，也容易被各方所接受；其三，生态系统服务其他组成部分如空气调节、气候调节、土壤形成等通常是没有市场价格，而影子价格的使用主观较强，容易导致各方的分歧。但仅从几个部分测算生态系统服务价值会导致其低估，这可能是导致许多溢油事故经济补偿不足的重要原因。

通过对文献的分析也可以看出，早期大部分文献所称的生态损害主要是指溢油对某一具体物种、环境或者经济活动所造成的外部不经济，而并不是从生态服务价值损失的角度讨论生态损害问题，这与2000年之后文献中使用的生态损害概念并不一致，也与国内所使用的生态损害的概念不一致。有鉴于此，有研究者开始考虑使用生态系统服务（和物品）损失（价值）来核算海上溢油导致的生态损害（James Boyd，2010；Depellegrin & Blazauskas，2013；Kennedy & Cheong，2013），但这几篇文献局限于理论推导，缺乏实践数据的支撑。

国内对海上溢油的关注最早可以追溯到1974年，20世纪七八十年代对溢油的研究集中于技术领域，如溢油的化学技术和机械技术处理、溢油源的测定技术、国外溢油技术的进展、溢油扩散和移动机理等。国内开展关于溢油对海洋生态系统造成的损害及其价值评估相对较晚，1980年代，仅有1篇翻译的关于溢油对海洋生态系统损害的文章。曹祥明（1984）摘译了一篇法文文章，文章以1978年发生在法国的Amoco-Cadiz号溢油事故为例，分析了海上溢油对鸟类和远洋生物如浮游生物、浮游植物、浮游动物、漂浮生物和泳生动物的影响。这是国内首篇介绍溢油对海洋生态系统影响的文章。1990年代，研究溢油对海洋生态影响的文章逐渐增多（不超过10篇），较有影响的文章只有4篇（耿兆铨等，1991；Монин 等，1995；赵剑强、邓顺熙，1996；田立杰、张瑞安，1999）①。耿兆铨等（1991）利用迎流有限元方法模拟了舟山内海域的潮流，利用相关数据计算了油泊位排放的含油污水对舟山海域的水质影响，这是最早的定量分析溢

① 以“生态损害”或“溢油”为篇名，时间设定为1990年1月1日至1999年12月31日，在中国知网（www.cnki.net）中进行全文搜索后分析的结果，以被引次数判断。

油对海洋环境影响的文章；田立杰等(1999)通过实验研究了海洋油污染对海洋藻类、贝类等产生的影响，并结合巴拿马籍“亚洲希望”沉没案例分析了成山角和荣成渔场受溢油污染的状况；Мониин 等(1995)、赵剑强和邓顺熙(1996)的文章都是介绍性文章。

1990 年代的研究文章主要以引进和介绍为主，我国开展的溢油对海洋生态影响的自主研究比较少。进入 21 世纪之后，随着生态系统服务价值研究的深入，研究溢油对海洋生态损害的文章相对增加，并开始探讨生态损害的货币价值测算问题和污染者对生态损害进行经济补偿的法律问题。但总的来说，国内关于溢油导致的生态损害的研究仍然较少，并且主要集中于法律法规、制度建设等方面[①]。2005 年特别是 2010 年之后，国内才出现了一些关于溢油生态损害评估的文献：一部分为综述性文献(高振会等，2005；纪大伟等，2006；刘伟峰等，2014；章耕耘等，2014)；一部分文献集中研究溢油生态损害评估程序与指标设计及模型构建(周玲玲，2006；贾欣，2010；刘伟峰，2010；张秋艳，2010；廖国祥等，2011；杨建强等，2011；杨寅等；2012；于春艳等，2015)；一部分研究国外模型在评估溢油导致的生态损害方面的应用，如介绍生境等值法(HEA)在评估溢油生态损害方面的应用(于桂峰，2007；李京梅、曹婷婷，2011；杨寅等，2011；林楠等，2014)，介绍资源等价法(REA)在评估溢油生态损害方面的应用(李京梅、王晓玲，2012；黄文怡，2014)等；一部分集中于对个案的分析(刘文全等，2011；张雯，2014)。

高振会等(2005)详细地阐述了溢油造成的生态损害的货币价值的各种评估方法，包括人力资本法、旅行费用法、条件价值法、机会成本法和费用分析法，文章还详细地考察了美国利用生境等值法(HEA 方法)衡量溢油导致的自然资源损害的案例。作者作为处理“塔斯曼”海轮溢油事故的主要参与者，对“塔斯曼”海轮溢油生态损害赔偿进行了详细的总结。随着研究的深入，作者对其研究进行了扩展，将环境损害看作生态损害的一部分。这是首部详细介绍溢油生

---

① 在三大中文期刊数据库中以“溢油”和“生态损害”做主题词，结束时间设定为 2015 年进行搜索，在“中国知网”搜索到 100 篇文献，其他两个数据库分别搜索到 40 篇，通过对所列文献分析后发现，共有 58 篇文献研究溢油生态损害问题，33 篇集中于法律法规、制度建设方面；25 篇涉及生态损害评估方面，在这 25 篇中，有 11 篇为未出版的博士硕士论文，而已发表的文章多为该 11 篇硕博论文中节选的部分。

态损害评估的中文文献,此后,其他的几位作者仅是对国际上对该问题研究的进展情况进行补充和更新。

2010年,贾欣在其博士论文中以溢油和资源开发导致的生态损害为例,构建了海洋生态补偿机制,分析了海洋生态补偿机制的各个要素。这是国内首次尝试对海洋生态补偿机制进行多层次、多角度的综合研究,提出了海洋生态补偿机制实施的保障和对策。同年,刘伟峰在其博士论文中对溢油污染生态损害的价值评估进行了扩展,认为生态损害的经济补偿费用应当包括三个部分,即生态系统服务价值损失、生态系统修复费用及损害评估费用,作者在论文中构建了包括5个步骤和4个模块的评估程序。很明显的是,生态系统服务价值损失和生态系统修复费用有重合部分,如果损害者对两者都进行经济补偿,那么会导致重复补偿问题。一些研究者在总结国内外生态损害价值评估模型的基础上,结合中国国情构造了测算溢油对中国海域生态损害的价值评估模型。廖国祥等(2011)在关系数据库管理系统基础上建立了一个溢油事故生物资源损害评估模型,希望为海洋生态损害赔偿提供一种客观的定量化评估方法。有研究者认为在评估海上溢油生态损害价值时应将海上溢油生态损害分成环境容量损失和生态系统服务功能损失两个部分,并在此基础上构建了一个适合于评估渤海海域溢油生态损害的预估模型(杨建强等,2011)。杨寅等(2012)介绍了溢油导致的生态损害价值评估方法中简易方法(佛罗里达公式)和综合方法,并结合中国国情对佛罗里达公式进行了修订和构建了中国溢油生态损害的综合方法体系。文章建议在处理中小型溢油生态损害时使用公式化的简易方法,在评估大型溢油生态损害时使用综合方法。

李京梅和曹婷婷(2011)介绍了计算生态损害的生境等值法(HEA方法)并构建了一个海域生态损害测算的模型,此后研究者对HEA方法进行了更加详细地研究,并将其与资源等价方法进行比较,在此基础上研究者希望构建能够适合中国的海洋生态损害的价值评估方法。

这些文献在促进我国关于溢油生态损害问题研究的同时,也面临着三个问题:一是将国外用于测算单一方面的模型应用于生态损害方面的评估,有可能导致评估结果远远低于实际发生的生态损害;二是所有文献仅仅是理论推导,既没有已完成的溢油生态损害案例的支撑,也没有得到正在进行中的案例的证明;三是各种模型缺乏经济理论的支撑,如价格的确定问题。

2.3　国内外研究成果评述

人类活动对生态系统的影响日益严重,良好的生态系统变得日益稀缺,生态系统问题的研究随之兴起。但在经济学中,研究者传统上将生态系统看作自由物品,是不具有价值的。一旦生态系统问题引入到经济学领域,其面临的一个重要问题就是生态系统的价值问题。从效用价值论的角度来看,目前,生态系统已经拥有了具有价值的两个前提:效用和稀缺性,前者是指生态环境能够提供效用,后者是指良好的生态环境日益稀缺。一旦人们明确了生态系统拥有价值,那么价值量的大小就是一个亟须解决的首要问题。但从经济学传统理论角度来看,由于任何经济主体对生态系统都不拥有产权,所以生态系统无法进行交换,在无法进行交换的情况下,生态系统的价值是无法通过市场显现出来的。

海洋作为世界上最大的生态系统面临的主要问题就是价值问题,价值问题不解决,生态损害的经济补偿就只能求助于经济学中的其他方法。因此,传统解决海洋生态损害经济补偿问题的方法就只能借助于外部性理论和公共物品理论,但这两个传统理论并不能很好的解决生态损害问题。因此,从 1960 年代开始,研究者开始着手研究生态系统的货币化衡量问题,但由于种种原因,该领域的研究曾一度中断。1997 年,Costanza et al.经典文章提出了生态系统服务的概念,为生态系统进入经济领域提供了理论前提,使生态系统的货币化衡量问题转化为生态系统服务价值的测算问题。从文献来看,目前研究生态系统服务价值评估问题的文献日益增多,国外在生态系统价值评估问题的研究方面侧重于基础理论的探讨,而国内在该方面的研究则主要集中于应用方面的研究。

随着“污染者负担原则”被各国普遍接受,要求溢油方为其导致的生态损害支付一定的费用有了“契约性”依据,但补偿额问题成为困扰溢油事故各方的首要难题。伴随着生态系统服务价值评估研究的进展,海上溢油生态损害经济补偿问题的研究也获得了较大的发展。

本书认为国外研究者在研究溢油对海洋生态损害时具有两个特点。第一，宏观方面侧重于基本理论的研究。国外研究者多集中于对溢油污染生态损害补偿的内在机理、基本模型的构建、补偿的指导原则等方面的研究，使用具体模型测量生态损害的货币价值往往是为了对作者基本观点的论证，而非研究的重点。第二，微观方面侧重于具体案例的研究。在微观层面上，国外研究者对某一溢油案例的研究比较深入，详细分析溢油补偿的机制、后果以及现行法律所存在的缺陷等，而对具体的补偿额往往不做探讨。

与国外相比，国内对溢油导致海洋生态损害的研究也显现出两个非常明显的阶段特征：第一，侧重于溢油污染对具体生态系统损害的研究。这种研究主要集中于 20 世纪八九十年代，研究者主要集中于溢油对某一具体海域中鸟类、动物、植物、水质等造成的损害，这些研究加深了人们对溢油污染损害的了解。但是可能由于早期中国海洋治理的费用全部由财政负担，所以并没有学者考虑损害的经济价值问题，也没有研究者思考生态损害的经济补偿问题。第二，侧重于各种价值评估方法和模型的研究，这种研究从 1990 年代后期开始，具体应该是 1999 年生态系统服务价值概念引入到中国之后。国内学者致力于各种价值评估方法如旅游成本法、生境等值法、随机价值法、能值价值法等的介绍，并有一些研究者运用这些方法来评估溢油对某一海域生态系统损害的价值损失。此外，我国在定量分析和数学模型构建方面具有优势，在具体方法的应用研究方面较深入，但与国外的研究模式相比，我国的研究需要进一步加强学科间的合作、加强对溢油污染导致的海洋生态损害的基础性研究。

此外，从研究特点来看，由于该领域的研究主要由生态学家和经济学家进行，而生态学家在研究中又具有主导地位。因此，许多研究成果深深地打上了生态学的“烙印”，而采用经济学范式的研究成果相对较少。

第3章　海上溢油污染事故及其经济补偿情况分析

自石油成为重要的经济和战略资源之后，石油的开采和贸易量与日俱增，而溢油问题则一直伴随着石油开采和运输的全过程。伴随着世界石油贸易量的增加，溢油的频率随之上升；同时，随着油轮吨位的提升，单次溢油的数量也越来越大。1960年代之后，溢油导致的环境污染问题逐渐受到各国关注，如何处理溢油污染问题则成为世界性难题。有鉴于此，一些国际性或区域性的溢油应急组织相继成立，一批国际公约获得通过。

研究海上溢油生态损害的经济补偿问题首先要明确50多年来海上溢油事故及其经济补偿的基本情况与特点，只有明了海上溢油事故的基本情况与特点，才能更加清楚地了解对溢油污染造成的生态损害进行经济补偿的必要性和紧迫性，以及生态损害经济补偿制度的建立对抑制海上溢油事故的重要作用。

3.1　海上溢油污染事故案例的基本情况

目前，相关国际（区域）组织对海上溢油的统计比较混乱，为了能够更加清晰地刻画海上溢油事故的特点，首先要对海上溢油事故案例的基本情况作一个较为详细的说明。

海上溢油具有高发性、复杂性、污染面广、损害严重等特点，成为相关国际（区域）组织重点关注的对象。如仅ITOPF统计显示，自1967年Torrey Canyon

油轮溢油事故后至2015年，共发生大约10 000起海上溢油事故[①]。而许多溢油事故处理时间则长达10多年，并且会涉及多个国家[②]。

海上溢油一直伴随着海上石油运输与开采的全过程，可以说，海上石油运输的历史有多长，海上溢油问题的历史就有多久[③]。1907年12月，Thomas W. Lawson在锡利群岛被暴风摧毁，其装载的58 000桶(约为7 900吨[④])石蜡油全部流到海上。Thomas W. Lawson油轮溢油成为现代有记录以来的首次海上溢油事故。尽管Lawson溢油给锡利群岛周边海域造成了严重污染，但是世界并没有给予这次海上溢油特别的重视。其原因不外三个方面：第一，溢油事故发生于无人居住的小岛周边海域；第二，当时世界并没有统一的关于处理海上溢油事故的公约或组织；第三，在那个时期，各国对经济利益的重视程度远远超过了对生态环境的重视程度。

国际上从1960年代开始关于海上溢油的记录突然增多，导致这种现象的原因有三个。

其一，在1960年代之前，油轮都较小，如直到1959年世界上才出现了第一艘超过十万载重吨的油轮。由于油轮比较小，即使发生溢油事故，其溢油损害也与后来的动辄几十万载重吨的油轮的溢油造成的损害不可同日而语，如1967年发生于锡利群岛和英国海岸之间的Torrey Canyon油轮溢油事故，直接导致121 000吨原油泄漏，给英国海洋生态环境造成灾难性后果。

其二，在1960年之前，海上石油贸易量相对较小，大规模的海上石油勘探与开采刚刚开始，人们对其关注度较低；与此同时，海上溢油事故确实较少，溢油量也较小，对各国和海洋生态环境的危害较浅。

其三，人类对海洋的关注日益加深，而海上溢油导致海洋生态环境日益恶

① ITOPF, Oil Tanker Spill Statistics 2015, http://www.itopf.com/knowledge-resources/documents-guides/document/oil-tanker-spill-statistics-2013/.

② 发生在西班牙的Aegean Sea油轮溢油，经过长达22年才最终处理完，而Natuna Sea油轮溢油则涉及印度、新加坡、印度尼西亚、马来西亚四国。一般说来，这种情况陆上溢油不会碰到。

③ 1886年，世界就出现了第一艘油轮；1887年，美国在加利福尼亚距离海岸200米的地方打出了第一口海上油井，标志着海上石油工业的诞生，但在此后的50多年中，海上石油开采进展缓慢，直到1940年代，才建造出第一台用于海上石油开采的钻井平台，因此，海上石油开采的时间要晚于海上石油运输的时间。

④ 本书所用计量单位吨为公制吨，即1吨=1 000千克。

化，使良好的海洋生态环境逐渐变得稀缺，这促使世界形成了第一个以保护海洋生态环境为目的的公约——《1954 年防止海洋油污国际公约》。随着该公约在 1958 年 7 月生效和海上溢油污染事故的频繁发生，1960 年代，各类与海洋环境保护有关的国际或区域组织陆续成立。随着专门处理海上溢油事故的国际或区域组织的陆续出现，海上溢油事故开始拥有系统的记录，而在此之前并没有组织对溢油事故进行专门的系统的记录，这也是导致此前记录缺乏的一个重要原因。如 1967 年的 Torrey Canyon 油轮溢油事故促进了 ITOPF 的成立，ITOPF 成立 2 年之后，开始着手建立关于溢油的数据库，以便为各项研究提供基础数据[①]。ITOPF 之后，一些与处理海上泄漏事故有关的国际、区域、政府机构又陆续成立，如 GESAMP、Cedre、IOPC Funds 和 NOAA 的 OR&R 等。这些组织（政府机构）成立之后，为了实践和研究需要，开始致力于溢油数据库的建设或者定期发布关于海上泄漏事故的报告。但由于受职责范围的限制，各组织（政府机构）仅发布其参与处理或职责范围内的泄漏事故。如在 1999 年之前，ITOPF 数据库仅包含油轮、散货石油多用船和驳船的溢油数据，并不包含石油钻塔的溢油，也不包含因为战争导致的溢油，从 1999 年，ITOPF 开始统计集装箱船、一般散货船等的溢油事故，而统计 HNS 泄漏和其他泄漏事故则更晚[②]。截至 2015 年年末，IOPC Funds 仅记录了其参与赔付的 149 起海上溢油事故，由于 13 起仍在理赔中，现在可以看到的仅 136 起[③]。而 Cedre 记录的 1967—2013 年的泄漏事故为 268 起，其中海上泄漏 250 起，海上溢油 113 起，占海上泄漏事故的 45.2%。NOAA 的 OR&R 主要记录美国本土的各类泄漏事故。

按照历史惯例，国际上通常将大于 700 吨的溢油称为大型事故，7—700 吨的溢油为中型事故，小于 7 吨的溢油为小型事故。但由于各国对小型溢油事故的报告和溢油测算口径并不完全一致，所以小型溢油事故的记录并不十分准确。有鉴于此，本书的分析仅针对中型和大型溢油事故。

在 ITOPF 记录的 1970—2013 年的近 9 657 起溢油事故案例中，小型事故

① ITOPF 成立于 1968 年，是一个从事与海上溢油事故相关事务的专业性国际组织，其从 1970 年开始，通过各种途径统计各类海上溢油事故，建立了较为完备的数据库。

② http://www.itopf.com/about-us/our-history/.

③ http://www.iopcfunds.org/incidents/incident-map/.

7 847 起，占近 81.26%[①]；大型和中型事故分别为 1 351 起和 459 起，分别占全部事故的 13.99%和 4.75%。相比于小型事故，各国对中型和大型溢油事故的记录相对完整。即使如此，ITOPF 数据库收录的有详细记录的泄漏事故也仅有 663 起，这些记录不仅包括有毒有害物质泄漏、其他泄漏，而且包括集装箱船、一般散货船等船只的泄漏事故，同时，这些记录还包括了许多小型事故。由于 ITOPF 的 633 起泄漏事故过于繁杂，所以不能直接将其作为本书的分析对象，需要对其进行整理与归纳。

从以上分析可以看出，尽管各国际组织都认为在过去的近 50 年里所发生的溢油事故超过上万起，大中型溢油事故也接近 2 000 起，但是在各国际组织的数据库中，具有详细记录的溢油事故案例与其宣称的数据相去甚远。

由于受各种问题的困扰，没有一个国际组织的数据库可以囊括所有的海上溢油事故，所以为了尽可能反映海上溢油的特点，应尽力搜寻所有能够获得的溢油事故的信息。因此，为了保证信息的准确性，作者尽可能将不同来源的信息进行比对并甄别。

本书所使用的数据为 1960—2015 年来自 ITOPF 数据库、相关国际组织（如 IOPC Funds、Cedre、Noaa 等）、Lloyd 公司和相关网站（如沉船网、C4TX 网等）的记录。通过综合各个数据库，本书共选取了 464 起海上溢油案例来分析 1960—2015 年的 55 年间海上溢油事故的特点。本书依据四个原则选取相关案例：(1) 基于研究范围与目的，本书选取的案例为发生在海上的油轮（含油/化船（O/C 船）、矿石/石油船（O/O 船）和矿石/散货/石油兼运船（OBO 船）、驳船溢油事故，不包含陆上或者陆源的溢油污染事故，也不包含其他船只（如集装箱船、散货船、客轮、军舰等）和海上石油钻井平台发生的溢油事故；(2) 通常，因战争导致的海上溢油事故被作为战争后果进行处理，所以本书并不包括因战争导致的海上溢油事故；(3) 由于统计的精确性问题，本书不包含 7 吨以下的小型海上溢油事故；(4) 对于所选取的溢油事故案例必须具有较为明确的详细信息，如溢油的时间、地点、溢油量、溢油原因、油品、船籍等要素。尽管按照这四个原则选取案例，但是本书整理后发现，不同的国际组织在评估同一次溢

① 小型溢油事故统计时间为 1974—2013 年。

油事故时往往对一些要素如溢油量、溢油原因、溢油地点等的确定存在较大的分歧，尤其是在溢油量的确定方面往往存在较大的差异，这往往是导致各方无法就补偿数额最终达成协议的主要原因。

3.2　海上溢油污染事故的特点分析

通过对 464 起溢油案例的分析，本书认为就海上溢油事故自身而言，具有以下两个特点。

3.2.1　海上溢油污染事故呈现明显的下降趋势

人们通常将海上溢油污染事故归罪于海上石油贸易量的增长，但总体上来看，海上中大型溢油与海上石油贸易量并不存在正的相关性。

图 3-1 表明，大约在 1985 年之前，中大型海上溢油与世界石油的贸易量具有明显的正相关性；但在 1985 年之后，这种相关性便不复存在。世界海上石油贸易量除 2001—2003 年具有明显下降外，1985—2014 年，世界海上石油贸易量的上升趋势还是比较明显的。但是，海上溢油发生的次数在 1985—1997 年波动较大，从 1997 年开始出现平稳下降，尤其是进入 21 世纪之后，海上溢油事故出现了急剧下降。图 3-2 显示，海上溢油的高发期分别为 1970 年代和 1990 年代，平均每年发生的中大型溢油事故分别高达 14 次和 11 次。进入新世纪之后，海上溢油事

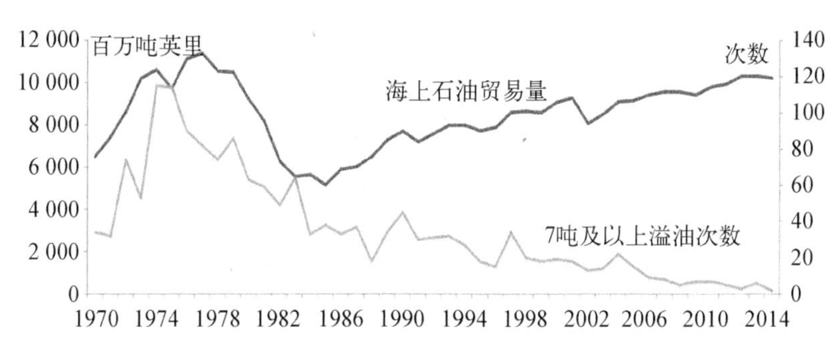

图 3-1　1970—2014 年海上石油贸易量与 7 吨及以上海上溢油次数

资料来源：ITOPF，Oil Tanker Spill Statistics 2015，2016 年 2 月。

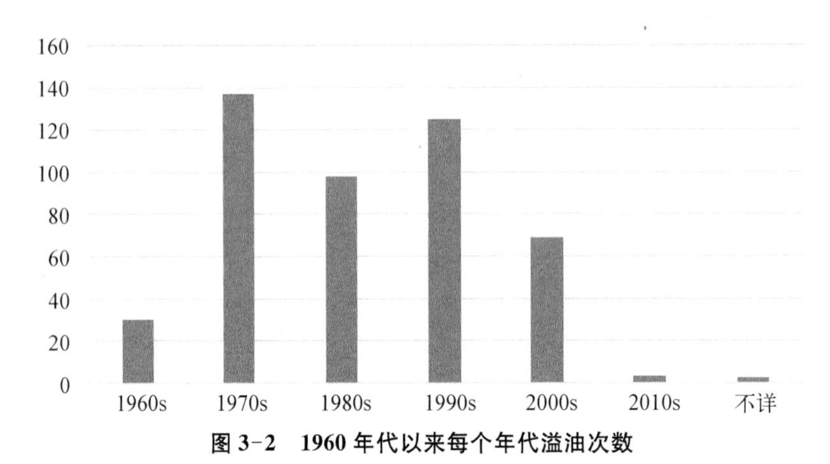

图 3-2　1960 年代以来每个年代溢油次数

资料来源：作者依据 464 起案例整理。

故不断减少，21 世纪前 10 年，总共发生的海上中大型溢油事故 52 起，平均每年仅有 5 起，而 2011—2013 年的 3 年里，仅发生中大型溢油事故 2 起。中大型海上溢油事故的大幅下降有赖于以下三个方面的发展。

1. 双壳油轮逐步取代单壳油轮。随着海上溢油事故受到的关注度越来越高，各国开始寻求降低海上溢油事故概率的方法，使用双壳油轮替代单壳油轮被各国认为是解决海上溢油事故的有效途径。1989 年 3 月，超级油轮 Exxon Valdez 在美国阿拉斯加州威廉王子湾触礁溢油 38 500 吨的事故促使美国颁布了《1990 油污法案》。《法案》第 4115 条规定，秘书处必须不晚于本法案颁布之日起 6 个月内，在国家科学院或其他合格的组织建议基础上决定对油轮的其他结构和操作要求是否能够提供与双壳规定一样或更优的环境保护，随后，对油轮的双壳规定首先被美国采用。1992 年 3 月，国际海事组织海洋环境保护委员会召开的第 32 次会议正式批准"《73/78 防污公约》附则 I 第 13G 条修正草案"，该修正案于 1993 年 7 月 6 日生效。该修正案规定，5 000 载重吨及以上的油轮应采取双壳船体结构。尽管各国尤其是发达国家对未来船只应采用双壳船体结构的意见是一致，但是 1990 年代仍然成为海上溢油事故的一个高发期。这主要是因为 1990 年代，正在服役的油轮仍然是以单壳油轮为主。1990 年代发生的中大型溢油使整个世界开始对油轮采取更加严格的措施，如 1996 年发生在英国的 Sea Empress 油轮溢油事故和 1999 年发生在法国的 Erika 油轮溢油事故，分别导致了 73 000 吨和约 20 000 吨石油泄漏，造成欧洲海岸线受到严重污染，这促使欧洲采取更加严厉的措施来预防海上溢油污染事故。同时，国际海事组织也开始修改一些公约，如推出了针对单壳油轮的《〈国际防止船舶造成污染公约〉附则 I》（简称《MARPOL 附则 1》） 2001 年和 2003 年修正案，加快了单壳油轮的淘汰步伐。2005 年 4 月 5 日，《MARPOL 附则 I》2003 年修正案正式生效。根据公约的要求，海事主管部门须根据船舶结构、船龄情况、船舶大小和载运货种的不同情况，将单壳油轮拒之国门之外。从 2015 年开始，单壳油轮被禁止在海洋上行驶，双壳油轮完全取代单壳油轮。

2. 溢油污染事故经济补偿额度的急剧上升。Torrey Canyon 油轮溢油事故开启了海上溢油污染经济补偿的序幕，直接导致了《1969 年责任公约》和《971 年基金公约》两个公约及 IOPC Funds 的诞生。溢油污染事故的补偿额也由最初几十万至几百万美元上升到目前的动辄几亿甚至十几亿美元，如此高昂的经济代价也使海上石油运输更加谨慎。如西班牙的加利西亚自治区的拉科鲁尼亚省在 1992 年和 2002 年分别发生了一次大型溢油事故，1992 年 12 月 3 日，Aegean Sea 油轮发生搁浅事故，导致 73 500 吨轻质原油泄漏；2002 年 11 月 13 日，Prestige 油轮因船体受损导致 64 000 吨重燃油泄漏。这两次溢油事故都导致拉科鲁尼亚省的海滩遭受严重污染。Aegean Sea 油轮经过 10 多年的时间最终于 2002 年 11 月完成了事故的处理工作，Prestige 油轮经过 10 多年的时间也最终于 2014 年 5 月完成事故的最终评估工作。Aegean Sea 油轮的索赔额度仅有 2.896 亿欧元，最终的补偿额仅有 0.384 亿欧元。但 Prestige 邮轮的索赔额度则高达 23.17 亿欧元，最终评估的补偿额则高到 5.73 亿欧元。同样，1987 年 8 月 25 日，Akari 燃油驳船在阿联酋杰贝阿里港搁浅，导致 1 000 吨燃油泄漏，1992 年溢油事故处理工作最终结束，最终补偿额为 864 292 迪拉姆和 187 165 美元；2000 年 1 月 24 日，Al Jaziah 1 号油轮在离阿布哈比东海岸 7 英里处沉没，船上约 100—200 吨柴油泄漏，2010 年共支付了 1 000 000 迪拉姆和 1 089 574 美元补偿款。因此，即使考虑到货币的贬值因素，海上溢油污染事故的补偿额度的增速也是非常惊人的。对于油轮公司来说，一次溢油事故极有可能给公司带来灭顶之灾。

3. 各国对海上石油运输的管理越来越严格。随着双壳油轮的技术进步，各国也在不断完善对海上石油运输的管理，都不断出台对油轮通过本国领海及专属经济区、在本国港口停泊的各种愈发严格的规定。首先，各国逐步禁止单壳油轮进入本国港口。如欧盟从2003年开始禁止单壳油轮进入欧盟港口，其次，对航行在本国领海及专属经济区、停泊本国港口的船舶，国际海事组织及各国从船员培训到装卸操作都制定了严格规定。

3.2.2 所涉国家和海域相对集中

海上溢油事故的另一个显著特点是所涉及国家和海域相对集中。从1960年代至今，有78个沿海国家发生过大中型溢油事故，有55个国家发生过2次及2次以上的中大型溢油事故，可见海上溢油事故已经是一个世界性难题(表3-1)。尽管几乎所有沿海国家都发生过海上溢油污染事故，但是，1960年代至今所发生的中大型海上溢油事故有50%以上发生在美国、日本、英国等11个国家(图3-3)。从对464起案例的分析，可以看出，海上中大型溢油在地理分布方面呈现出3个特征。

表3-1 各国(地区)发生溢油次数的分布

溢油次数	>10次	>5次	>2次	2次	1次	合　计
国家数	11	8	18	18	23	78

资料来源：根据464起案例整理。

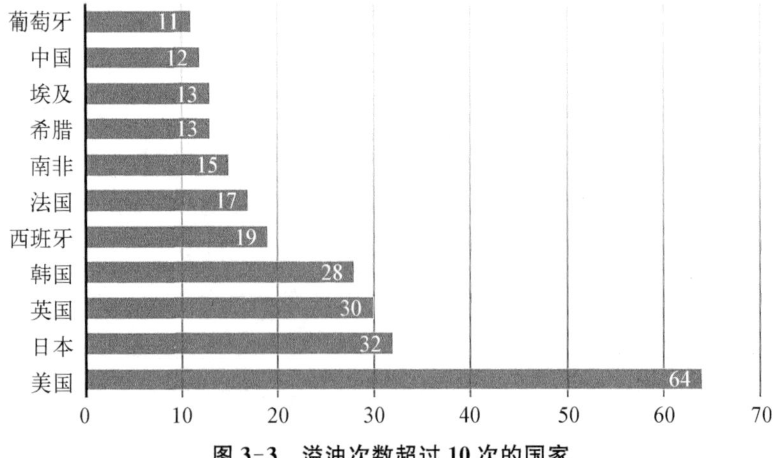

图3-3 溢油次数超过10次的国家

资料来源：根据464起案例整理。

1. 中大型海上溢油事故主要集中于几个国家（地区）。美国、日本、英国、韩国是海上溢油事故发生次数最多的四个国家，这四个国家发生的中大型海上溢油事故几乎占到总溢油事故的 1/3，而欧盟则是世界上发生海上溢油事故次数最多的地区，超过 1/4 的中大型溢油事故发生在欧盟境内（表 3-2）。频发的海上溢油事故使美国、欧盟的海洋生态系统受到严重损害，也促使美国、欧盟率先制定法规，以规范海上石油运输，降低海上溢油风险。

表 3-2　欧盟境内溢油事故的分布

国　家	英国	西班牙	法国	希腊	意大利	葡萄牙	瑞典	爱尔兰
溢油次数	30	19	17	13	10	11	5	3
国　家	北海	德国	荷兰	爱沙尼亚	拉脱维亚	立陶宛	马耳他	合计
溢油次数	3	4	2	2	1	1	1	122

资料来源：根据 464 起案例整理。

2. 海上溢油事故与海上石油运输线的繁忙程度不存在正相关性。图 3-3 表明，除南非和埃及位于海上石油运输线上，其他 8 国并不处于海上石油运输通道上。同时，除超级油轮需要绕道南非的好望角之外，大部分油轮是可以通过苏伊士运河的，因此，苏伊士运河要比好望角繁忙的多，但发生在埃及的中大型海上溢油事故却要比发生在南非的少。此外，作为世界石油运输最繁忙海峡的霍尔木兹海峡也并不是发生溢油次数最多的海域（表 3-3）。

表 3-3　发生溢油事故最多的 10 大海域

海　　域	墨西哥湾	朝鲜海峡	加利西亚	苏伊士运河	阿拉斯加
溢油次数	19	10	9	9	7
海　　域	北　海	布列塔尼	德　班	彭布罗克	热那亚湾
溢油次数	7	7	5	5	4

资料来源：根据 464 起案例整理。

3. 发生海上溢油事故的海域比较集中。尽管海上溢油是一个世界性难题，但不难发现，海上溢油事故在某些海域发生的概率远远大于其他海域。从表 3-3 可以看出，墨西哥湾是世界上发生溢油事故最多的海域，1960 年代至今,共发生 19 次大中型溢油事故,平均 3 年就发生一次事故,致使墨西哥湾的海洋生态极度恶化。世界溢油事故多发的欧洲,海上溢油事故多发生在北海、英吉利海峡和多弗海峡一带。同样,濒临西班牙加利西亚自治区的海域是西班牙溢油事故最大的受害者,在西班牙历次发生的 19 次溢油事故,有 9 次发生于此:3 次发生在菲尼斯特雷角附近,4 次发生在拉科鲁尼亚港附近,比斯开湾附近的圣塞巴斯蒂安和维哥湾谢斯岛各发生 1 次,平均 5—6 年就发生一次中大型溢油事故。而亚洲的朝鲜海峡则是亚洲发生溢油事故最多的海峡。

海上溢油事故所呈现的地理分布的三个特征主要由以下两个原因引起的。

1. 一国石油的进口量及对海上溢油的管理状况对海上溢油事故的次数具有较大的影响。美国、英国、日本一直是传统的石油进口大户,大量的石油进口增加了溢油事故的概率,对石油进口管理的宽松则使溢油事故从潜在风险转化为事实。1990 年代是各国完善关于海上溢油管理规则与建立各种管理机构的重要时期,而在此之前,各国对海上溢油的管理相对宽松,这成为导致各国海上溢油事故频发的重要原因。如在美国发生的 64 起溢油事故中,40 起发生在《1990 油污法案》实施之前;而在日本发生的 32 次溢油事故中有 23 次发生在 1990 年以前[①]。作为石油进口量增速最快的两个国家,中国和韩国海上溢油管理制度的建立相比于美国和日本要晚的多,如中国直到 2000 年才逐步制定相关的海洋环境保护的法律制度,逐步建立海上溢油的相关应急机构,故而中国 12 次溢油事故,有 10 次是发生在 2000 年之前,而此后海上溢油事故开始大幅度减少[②]。同样,韩国直到 2008 年才正式实施"事前预防管理"模式的海洋环境管理制度,与之对应的是,其 28 次溢油事故,除 1 次具体时间不详外,其他 27 次全部发生在 2008 年之前。

2. 世界海上石油生产、运输与加工地点的分布与溢油事故的海域集中有较大关系。本书通过对 464 起溢油事故原因的分析发现,碰撞和搁浅是导致溢油事故的主要原因。在 464 起溢油事故中,114 起与碰撞有关,97 起与搁浅有

① 日本于 1990 年签署《1990 年石油污染防备、反应和合作国际公约》,1991 年日本石油协会才开始研究"如何建立应付发生在日本邻近海域重大溢油事故应急能力",而在此之前,日本对开放海域的溢油问题关注并不多。参见王水田,《日本抗溢油应急能力逐年加强》,1995 年第 2 期,第 42 页。

② 中国于 1998 年 3 月 30 日加入《1990 年石油污染防备、反应和合作国际公约》,2000 年 4 月 1 日实施《中华人民共和国海洋环境保护法》,2000 年 3 月 31 日发布《中国海上船舶溢油应急计划》。

关，占总溢油事故近45.5%。而碰撞和搁浅在近海岸和船只航行比较多的海域发生的概率较高，溢油事故常发海域应为具有这两个特点的区域。墨西哥湾沿岸一直是美国石油工业的核心区域，阿拉斯加是美国最大的海上石油产区，而北海则是欧洲最为重要的海上石油产区，也是海洋条件极为恶劣的区域；彭布罗克、布列塔尼、热那亚湾和加利西亚的拉科鲁尼亚分别是英国、法国、意大利和西班牙四国的石油工业重镇，同样，朝鲜海峡、苏伊士运河、德班则是海上石油运输的交通要道。

综上所述，随着海上溢油的频发，各国在面临其生态遭受严重损害风险时不得不联合起来寻求阻止或者降低海上溢油的办法，减轻修复受损生态的财政负担。这为各种涉及海上溢油国际公约的形成提供了必要的前提条件。

3.3　海上溢油污染事故经济补偿案例的基本情况

能够获得的海上溢油事故的经济补偿案例数远远少于能够获得的详细的海上溢油事故的案例，但就本书的研究目的而言，目前所能够获得的补偿案例可以满足分析需要，可以用来研究海上溢油事故经济补偿的特点、影响经济补偿的诸因素。

海上溢油污染事故处理程序严格复杂，周期长，从溢油事故发生到最终补偿结束，短则需要三五年，长则需要十多年时间，涉及的人力、物力相当庞大。补偿的范围，损害程度的认定，标准的设立等都会产生较大的争议。这也是为何出现一案一例的原因。尽管IOPC Funds已经处理了149起溢油补偿案例，但实际补偿情况千差万别，到目前为止，并没有两个完全相同的补偿案例。从已有的补偿案例来看，即使发生在同一国家、同一地点、相等溢油量的海上溢油事故，其补偿额也往往不同。产生这种差异的原因是什么，换句话说，决定海上溢油污染事故经济补偿的主要因素有哪些，一直是经济学家研究的主要问题之一。依据现有的海上溢油污染事故经济补偿案例，研究者探讨了一些影响因素，并试图甄别出主要影响因素。

在IOPC Funds的149个案例中，已经结束的补偿案例有136个，因本书研究集中于对中型和大型溢油事故的分析，所以通过对 136 起案例的甄别，本书筛选出 82 起溢油补偿案例作为分析的对象，通过这些案例来归纳出影响海上溢油污染事故经济补偿的主要决定因素，同时分析各主要决定因素与补偿额之间的数量关系。

3.4 海上溢油污染事故经济补偿的特点分析

由于海洋公共资源的特性，所以，在很长时期内，海上溢油所产生的污染损害的受害者无法获得应有的或者充分的补偿。1967 年的 Torry Canyon 号油轮溢油开启了海上溢油污染损害经济补偿的序幕。自此之后，作为世界上最大的公共资源的海洋不再是经济主体在进行经济行为时可以免费用作处理污染物的场所，污染者要为自己的行为"买单"。

Torry Canyon 油轮溢油事故揭示了一系列严重的问题，如应急机制不健全、处理油污手段缺乏、巨额费用的归宿、如何处理船东责任等，但其中最为突出的是，国际社会普遍缺乏一套处理海上溢油事故责任认定和经济补偿的规则。有鉴于此，负责处理 Torrey Canyon 油轮溢油的机构在政府间海事协商组织（Inter-Governmental Maritime Consulative Organization，简称 IMCO，于 1982 年 5 月 22 日更名为国际海事组织（IMO）的支持下形成了一个新的基金，即 IOPC Funds。IOPC Funds 的制度框架最初由两个公约组成，即《1969 年责任公约》和《1971 年基金公约》。这两个公约又经过了一系列的修订和补充，国际社会逐步形成了一套相对完整的能够被大多数国家所接受的海上油污损害经济补偿制度。1970 年代初，经济合作与发展组织（OECD）理事会在《关于环境政策国际层面指导原则的建议》中率先提出了"污染者负担原则"。尽管 IOPC Funds 和 OECD 的出发点不同，但这些原则（或公约）为各国处理污染问题提供了一种依据，可以说，某种程度上解决了公共资源保护和污染外部性问题。时至今日，各国基本上都形成了"污染者付费"制度，这也为整个海洋生态系统的保护提供了制度支持。

IOPC Funds 成立之后，国际上开始普遍展开海上溢油事故污染损害的经济补偿问题研究与制定相关的法律法规。美国和欧盟作为世界上对海洋生态环境管理最为严格的国家(地区),在过去的近 50 年里,也是发生大中型海上溢油事故最多的国家(地区),海上溢油给当地的海洋生态带来较为严重的损害,同时,也给沿海居民的生产生活带来较大的影响。为了保护本国(地区)的海洋生态,美国于 1990 年制定了专门针对石油污染的《石油污染法案》,成为世界上第一部专门针对石油污染的法律;2008 年,欧盟通过了《欧盟海洋战略框架指令》,在《指令》中,欧盟率先引入了基于生态系统管理(ecosystem-based management,简称 EBA)的海洋综合管理方法。而新西兰、中国台湾、中国、日本等也都制定了专门针对海洋污染的法律,尤其是新西兰,早在 1974 年就制定了专门的《海洋污染法》。

虽然海上溢油污染生态损害的货币补偿无论是措施还是程序方面都日益完善,但在进行货币补偿时,仍然存在着这样那样的问题。如各国虽然基本认同 IOPC Funds 的这套制度并成为其会员,但各国对溢油污染损害的经济补偿问题仍存在较多分歧,如补偿的范围、补偿的标准等。主要原因是,尽管溢油事故可能给各方造成巨大损失,但一方面肇事方往往不仅不是出于主观故意,而且也蒙受了巨大的经济损失,如一艘满载的超级油轮因恶劣天气发生碰撞沉没导致所载石油全部泄漏到海上,船主及其保险公司不仅要承担船舶本身的损失,而且还要承担货物灭失的全部损失,仅这两者的损失对一般的船东和保险公司来说,都无异于天文数字。另一方面,溢油事故导致的损害不仅有可以用货币衡量的经济损失,如海洋经济鱼类的大量死亡、养殖户的收入损失等,而且包括许多无法用货币明确衡量的损失,如浮游生物的灭失、海鸟的死亡等。

从上一节的分析也可以看出,虽然海上溢油事故涉及的国家多,但一半以上的事故集中于 10 多个国家,而这 10 多个国家大多是发达国家,其对海上溢油污染的经济补偿问题往往拥有比 IOPC Funds 更加完善的制度,这也为 IOPC Funds 处理溢油损害补偿提出了挑战。

这些问题的存在一方面推动了关于海上溢油污染损害经济补偿的研究及 IOPC Funds 相关规则的修订;另一方面也导致了每次溢油污染损害经济补偿成为各方"马拉松式"的博弈,尤其一些大型溢油,从溢油事故开始到补偿最终结束耗时往往长达十几年。

IOPC Funds 成立之后，1981 年完成了 Antonio Gramsci 油轮的溢油污染损害补偿，这是其处理的第一起案例。从前文的论述已知，截至目前，IOPC Funds 共处理溢油案例 149 起，而其中大部分为中大型溢油。IOPC Funds 成立之后，成员国的溢油事故基本上都要经过其处理，因此，结合上一节的分析可以看出，有很大一部分的溢油事故并没有进行经济补偿，其中原因并不清楚①。

从国际公约和 IOPC Funds 处理溢油污染事故的实践来看，生态损害经济补偿通常为生态系统恢复到受损害之前水平实际支出的费用。而任何的推定模型并不能作为生态损害经济补偿的依据，即使在处罚的情况下。也就是说，任何国家、组织和个人不应当将溢油污染导致的海洋生态损害看成是增加其收入的机会。因此，国际公约非常明显的目的是预防或者降低海上溢油事故的发生从而维护海洋生态系统，损害补偿只不过是作为一种事后的补救措施。

通过分析 IOPC Funds 溢油补偿案例，本书发现海上溢油污染事故的经济补偿仍然存在以下问题。

3.4.1 缺乏统一的评估补偿额的标准

由于海上溢油涉及的国家众多，不同的国家的法律法规、经济发展状况、环境意识等方面的差异较大，所以 IOPC Funds 为了减少实际工作中的障碍，在实践中采取了一案一议的做法，这导致了统一的评估海上溢油污染经济补偿额标准的缺失，也导致了海上溢油污染事故处理的时间成本高昂、相似溢油事故补偿额差异悬殊等问题。

IOPC Funds 最初由欧洲诸国提议设立，一方面，欧洲本身存在着两种不同的法律体系：英美法系和大陆法系，这两个法系在处理海上溢油污染事故时存在较大差异；另一方面，IOPC Funds 成立之初的目的既是为了海上溢油污染事故的受害人能够获得全部补偿，也是为了减轻事故责任方的经济负担。因此，IOPC Funds 是一个各方妥协的产物，其在处理海上溢油事故时要兼顾各

① 从对 464 起溢油事故分析可以看出，发生在 1980—2014 年间的中大型溢油事故约为 295 起，除去部分不是发生在 IOPC Funds 成员国的溢油事故，IOPC Funds 可能没有赔偿信息，如美国、中国、埃及等国海域发生的溢油，仍有很大一部分溢油事故没有补偿信息，可能这部分溢油事故并没有获得经济补偿。

方利益，采取一案一议的处理方式容易被各国所接受。此外，当时国际上关于海上溢油污染经济补偿的案例几乎没有，既没有值得借鉴的经验也无法归纳总结出相关的规律，只能在实践中不断探索。

随着海上溢油污染经济补偿案例的增加，IOPC Funds 也在不断地总结归纳其中的规律，在近几年举行的国际溢油大会(IOSC)上都有关于评估经济补偿额模型的议题，相关专家也提出了一些关于测算海上溢油污染经济补偿额的模型(在第 2 章的文献综述中已有论述)，但目前并没有模型被用来作为评估补偿额的标准。但这些模型为未来制定统一的评估补偿额的标准打下了坚实的基础。

3.4.2　时间成本高昂

从 IOPC Funds 处理的 149 个案例可以看出，从海上溢油事故发生到最终补偿完全结束，许多案例的处理周期都在 10 年以上。

表 3-4　处理周期在 5 年及以上的案例

序　号	船　　名	事 故 时 间	补偿结束年份	周　期
1	Jose Marti 油轮	1981.1.7	1987	7
2	Koshun Maru N°1 油轮	1985.3.5	1990	6
3	Amazzone 油轮	1988.1.30	1992	5
4	Akari 沿岸油轮	1987.8.25	1992	5
5	Patmos 油轮	1985.3.21	1994	10
6	Kihnu 油轮	1993.1.16	1997	5
7	Osung N°3 油轮	1997.4.3	2001	5
8	Aegean Sea OBO 轮	1992.12.3	2002	10
9	Evoikos 油轮	1997.10.15	2002	5
10	Nakhodka 油轮	1997.1.2	2002	6
11	Nissos Amorgos 油轮	1997.2.28	2002	6
12	Kriti Sea 油轮	1996.8.9	2003	7
13	Sea Empress 油轮	1996.2.15	2003	8
14	Sea Prince 油轮	1995.7.23	2003	8
15	Keumdong N°5 供油驳船	1993.9.27	2004	11
16	Yeo Myung 油轮	1995.8.3	2005	10

（续表）

序 号	船　名	事故时间	补偿结束年份	周 期
17	Braer 油轮	1993.1.5	2007	15
18	Al Jaziah 1 油轮	2000.1.24	2008	8
19	Katja 油轮	1997.8.7	2008	11
20	Pantoon 300 驳船	1998.1.7	2008	11
21	Slops 废油回收船	2000.6.15	2008	9
22	King Darwin 油轮	2008.9.27	2013	5
23	Solar 1 油轮	2006.8.11	2013	7
24	Volgoneft 139 油轮	2007.11.11	2014	7
25	Erika 油轮	1999.12.12	未结束	14
26	Prestige 油轮	2002.11.13	未结束	12
27	Hebei Spirit 油轮	2007.12.7	未结束	7
28	Siniestro en Argentina 油轮	2007.12.25	未结束	7
29	JS Amazing 油轮	2009.6	未结束	6
30	Redfferm 油轮	2009.3.30	未结束	6

资料来源：根据 IOPC Funds 历年报告（1978—2015）及部分案例报告整理。

注：1. 未结束的截止日期为 2015 年 12 月 31 日；

2. 如果事故发生日期为上半年，耗时为赔偿结束年份减去事故发生年份的前一年，如果为下半年则为赔偿结束年份减去事故发生年份。

3. JS Amazing 油轮和 Redfferm 油轮溢油尽管发生在 2009 年，但尼日利亚政府提交给 IOPC Funds 的时间分别为 2011 年和 2012 年。

表 3-4 表明，在 IOPC Funds 处理的 149 个案例中，有 30 个案例的处理时间在 5 年及以上，占所有溢油事故近 1/5；10 年及以上的案例有 9 起，处理周期最长的一起溢油事故是发生在英国的 Braer 油轮溢油，处理周期长达 15 年。如此长的处理周期不仅耗费了大量的人力、财力和物力，而且使受害者无法获得及时的充分的经济补偿，有时候还会使部分受害者陷入贫困，如部分受损严重的渔民尽管会获得部分政府提前支付的生活补助，但由于受损严重和赖以生存海域的严重污染，往往丧失生活来源。同时，由于无法获得及时的经济赔付，往往使受损海域生态的修复贻误最好时机，使海洋生态需要更长时间恢复到原来水平。

导致时间成本高昂的原因主要有以下四个方面。

1. 溢油量大。溢油量往往是影响处理进度的重要因素，通常，溢油量越大，处理的周期越长。Braer 油轮溢油是目前单次溢油量最大的海上溢油事故，溢油量高达 84 000 公吨，其处理周期长达 15 年；处理周期长达 14 年的 Erika 油轮溢油量也高达 14 000 公吨。通常，溢油量超过 2 000 公吨的海上溢油事故，其处理周期一般不会低于 5 年，如果其他方面在存在争议，那么，其处理周期会更长。

2. 关于国际公约不同条款的争议。《1969 年责任公约》和《1992 年责任公约》是 IOPC Funds 处理海上溢油问题的两个主要公约，由于国际公约中对某项专有名词界定的不清晰或者理解产生歧义，导致受害国与 IOPC Funds 之间产生分歧，从而导致溢油事故久拖不决，最典型的案例是 Slops 废油回收船的溢油。希腊和 IOPC Funds 对 Slops 是否符合《1992 年责任公约》中对“船”的规定产生争议。希腊初级法院认为 Slops 是符合《1992 年责任公约》中对“船”的定义的，而 IOPC Funds 则认为 Slops 不符合《1992 年责任公约》“船”的定义。于是，IOPC Funds 开始上诉，一直上诉到希腊最高法院，耗时 4 年多，最终 IOPC Funds 败诉，补偿受害者损失。

3. 不同法系对处理周期的影响亦较为明显。通常，溢油事故发生在大陆法系国家，处理的周期相对较短；如果发生在英美法系，处理的周期则相对较长。最为典型的德日与英加之间的比较，如果德日发生中型溢油，处理周期一般为 1—3 年，许多可以在 1 年左右处理完成；如果英加发生中型溢油，其处理周期一般不会低于 3 年。

4. 索赔额与最终补偿额预期差异过大。从表 3-5 也可以看出，受害国索赔额与最终补偿额差异较大时，案件的处理周期通常较长。一般来说，当海上溢油事故发生之后，补偿额便成为受害国与事故方争议的核心问题，补偿额的多寡则是赔付问题的核心。由于受害国与事故方就补偿额无法达成一致，所以不得不借助于受害国的国内法律程序，而通常情况下，溢油补偿案例先由地方法院负责，当双方对地方法院判决有异议时便采取上诉形式，有时，一件海上溢油案例因受害国的索赔额与事故方对最终补偿额预期不一致导致的诉讼周期要达数年之久。

此外，一国的经济状况、海上溢油事故受害国的多寡、政府的办事效率等也会对案件的处理周期产生影响。

3.4.3 索赔额与实际补偿额差异较大

尽管国际公约对海上溢油导致的污染损害的经济补偿问题提供了一个框架性的协议，尽管《1969年责任公约》和《1992年责任公约》都对溢油导致的污染损害规定了最高补偿额度，但是，公约也规定了在特殊情况下，补偿额度并不受该最高补偿额度的约束。同时，各公约并没有规定具体的补偿标准、补偿依据等，这就导致了索赔额与实际补偿额之间的差异。

表3-5 索赔额超过补偿额50%以上的溢油案例

序号	船名	事故时间	受害国	索赔额（英镑）	补偿额（英镑）	索赔额/补偿额	补偿年份
1	Nissos Amorgos 油轮	1997.2.28	委内瑞拉	7 300 000	18 720 000	约6	2002
2	Natuna Sea 油轮	2000.10.3	新加坡、马来西亚、印尼	80 823 000	10 560 000	约10	2003
3	Pantoon 300 驳船	1998.1.7	阿联酋	28 200 000	1 200 000	23.50	2008
4	Sung IL N°1 沿岸油轮	1994.11.8	韩国	393 160	50 400	7.80	1994
5	Aegean Sea OBO 轮	1992.12.3	西班牙	184 000 000	24 411 208	7.54	2002
6	Patmos 油轮	1985.3.21	意大利	30 000 000	4 500 000	6.67	1994
7	Yeo Myung 油轮	1995.8.3	韩国	5 700 000	890 000	6.40	2005
8	Keumdong N°5 供油驳船	1993.9.27	韩国	79 516 600	12 500 000	6.36	2004
9	Kriti Sea 油轮	1996.8.9	希腊	11 800 000	2 400 000	4.92	2003
10	Honam Sapphire 油轮	1995.11.17	韩国	32 300 000	8 400 000	3.85	1999
11	Buyang 油轮	2003.4.22	韩国	2 385 000	672 000	3.55	2004

（续表）

序号	船　名	事故时间	受 害 国	索赔额（英镑）	补偿额（英镑）	索赔额/补偿额	补偿年份
12	Sea Prince 油轮	1995.7.23	韩国	65 200 000	24 000 000	2.72	2003
13	Tanio 油轮	1980.3.7	法国	48 600 000	20 200 000	2.41	1984
14	Agip Abruzzo 油轮	1991.4.10	意大利	17 460 000	7 600 000	2.30	1994
15	Baltic Carrier 油轮	2001.3.29	丹麦	21 204 000	10 086 000	2.10	2003
16	Kyung Won 供油驳船	2003.9.12	韩国	3 500 000	1 705 000	2.05	2004
17	Kyungnam N°1 沿岸油轮	1997.11.7	韩国	257 000	139 000	1.85	2000
18	Antonio Gramsci 油轮	1987.2.6	芬兰	3 400 000	1 842 620	1.85	1990
19	Ryoyo Maru 沿岸油轮	1993.7.23	日本	429 500	240 750	1.78	1994
20	Taiko Maru 沿岸油轮	1993.5.31	日本	1 3300 000	7 565 299	1.76	1994
21	N°7 Kwang Min 油轮	2005.11.24	韩国	1 935 000	1 172 860	1.65	2006
22	Portfield 油轮	1990.11.5	英国	525 256	328 658	1.60	1991
23	Jeong Yang 油轮	2003.12.23	韩国	3 094 000	2 040 000	1.52	2004

资料来源：根据 IOPC Funds 历年报告（1978—2015）及部分案例报告整理。
注：Nissos Amorgos 油轮和 Natuna Sea 油轮的补偿额为美元。

表 3-5 表明，受害国的索赔额与实际补偿额的差异较大。在 IOPC Funds 处理的 149 个案例中，从已经结案的溢油事故来看，索赔额超过补偿额的溢油事故超过 23 家，占整个已结束案例的比例超过 1/6，如果仅考虑中大型溢油事故，占比则超过了 1/4。表 3-5 还具有以下几个特点：首先，一些案例索赔额与实际补偿额差异过大。索赔额是实际补偿额 5 倍的案例就有 8 个，差异最大的

Pantoon 300 驳船溢油事故的索赔额竟然是最终补偿额的 23 倍。其次，从国家分布来看，索赔额与实际补偿额差异较大的案例主要集中在亚洲，尤其是韩国。韩国是近年来海上溢油事故数量增长极为迅猛的国家之一，从前文的统计来看，在 1960—2014 年，韩国发生的中大型溢油事故超过 28 起，成为世界上发生溢油事故最多的 5 个国家之一，其溢油事故的数量几乎与日本持平，并且，其溢油事故多发生在 1990 年代之后。而韩国又是一个半岛国家，许多居民的生产、生活与海洋联系密切，因此，当溢油事故发生之后，韩国整个国家的反应要比其他国家强烈的多。

导致索赔额与实际补偿额产生如此大差异的原因主要有两个：道德风险和非经济类物品的估值问题。

1. 道德风险。

根据《帕尔格雷夫经济学大辞典》对道德风险（Moral hazard）的解释，所谓道德风险是指“从事经济活动的人在最大限度地增进自身效用的同时做出不利于他人的行动。[①]”而信息不对称则是导致道德风险的一个重要原因。海上溢油事故的处理过程中，信息不对称问题处处存在。

首先，海上溢油事故导致的损失通常是一种推定损失，如海上溢油导致近海养殖户收入的损失。当溢油事故发生之后，养殖户的养殖场受到污染，其所养殖海产品既非全部死亡亦非丧失全部经济价值，但是，因产品受到污染，有可能丧失其原有用途，那么，养殖户的损失只能根据相关资料推定。但是，养殖户所掌握的本养殖场的信息绝对多于事故方对其养殖场的信息，在这种情况下，养殖户就会夸大其损失。同样，对于其他一些损失如旅游、码头设施等损失，受害国在进行索赔时通常也是“就高不就低”，高估其损失，从而导致道德风险。而为了规避道德风险，IOPC Funds 通常会采取“逆向选择”，制定较为严格的判定标准，从而导致养殖户大部分的损失被排斥在补偿之外。

其次，每次海上溢油导致的污染损害的最终补偿额仍然较大的依赖于各个主体的谈判能力。在这种情况下，作为单个的经济行为主体如渔民、旅游业从业者等往往处于不利的地位。一旦渔民和旅游业从业者意识到其处于不利地

① 参见约翰·伊特韦尔等编的《新帕尔格雷夫经济学大辞典》第三卷“道德风险”词条，经济科学出版社，1996 年 11 月，第 588 页。

位，往往会采取一些相应的手段而提高索赔额度，从而产生一种道德风险。如单个经济行为主体编造一些虚假的受损信息或者故意提高受损的程度，由于信息的不完善，原本处于强势地位的赔付方（如 IOPC Funds）无法明确的区分哪些是“正确信息”，哪些是“错误信息”，因此，只能采取“逆向选择”，即根据提供资料的完备程度来严格判定哪些受损，哪些为非受损，尽量压低索赔额度。

2. 非经济物品的估值。

从是否拥有价格的角度来看，海洋产品可以分为经济物品和非经济物品。当出现海上溢油污染事故时，经济物品的损失可以通过测定的损失量乘以价格得到总损失额，但非经济物品的损失额如何估算便成为争议的焦点，如红树林、浮游生物、海鸟等的价值估算。无论是《1969 年责任公约》还是《1992 年责任公约》，都不承认根据理论推算的价值损失，但承认受害国为恢复非经济物品最初状态所支出的实际成本。非经济物品对受害国的海洋生态环境如此重要，以致受害国可能调动众多资源来维护本国的海洋生态环境。从受害国的角度来看，许多被动用的资源的支出都被看成为恢复非经济物品的最初状态所支出的成本而提交给 IOPC Funds，而 IOPC Funds 并不认为所有的支出都是为恢复海洋生态环境的实际成本。

3.5　本章小结

人类对海上溢油事故的关注是近五六十年的事情。随着人类活动的扩展，良好的海洋生态变得越来越稀缺，海上溢油作为危害海洋生态环境的最重要的一种来源，了解其特点及其导致这些特点的原因可以为人类预防海上溢油事故的发生提供办法。当海上溢油事故发生后，受害国往往要为恢复海洋生态环境支付巨额费用，这些费用最终应该由谁承担一直是国际社会争议的问题。OECD“污染者负担原则”的提出和 IOPC Funds 的成立为解决海上溢油污染损害的费用归宿问题提供了理论依据和途径。海上溢油生态损害补偿问题始于 1970 年代末，到目前仅有不到 40 年的时间。本书通过对 464 起海上溢油事故的分析可以发现，海上溢油与世界海上石油贸易并不具有正相关性，也就是说，海上溢油不是海上石油贸易增长的必然结果，那么采取一定的措施是有可能减少海上溢油事故的发生的，而从溢油发生的地理分布来看，溢油主要发生于发达国家，而发达国家在今日的世界事务中具有主导地位，这为海上溢油国际公约的形成提供了必要的条件。同样，通过对 IOPC Funds 处理的 82 起溢油事故补偿案例分析，本书发现，目前海上溢油事故在进行生态补偿时面临着时间成本高昂、各方分歧较大的特点，而这些特点无不是围绕补偿额展开，因此，如果能够寻找一种快速测算出并被各方所接受的补偿额的方法，必然能够节约大量人力、物力和财力，同时，也会为生态系统的及时修复提供足够的经济支持。

第4章　海上溢油生态损害经济补偿的决定因素分析

从前面的分析可知，海上溢油生态损害经济补偿具有评估标准缺失、时间成本高、争议大的特点，导致这种状况的根本原因是事故各方无法就补偿额达成一致。在事故中，由于不同的利益主体为了尽可能地争取自身利益，往往会利用掌握的信息优势做出损害其他利益主体利益的行为，如收入来源主要依赖于受污染海域的渔民会故意夸大其收入的受损程度，而油轮船东则会故意隐瞒如溢油量、事故原因等信息，所以不同的利益主体不得不将大量的人力、物力和时间投入到谈判、协商或者诉讼中，以便实现自身利益的最大化。近40年来，在IOPC Funds处理完成的136起海上溢油生态损害经济补偿案例中，最终补偿额的达成基本上是通过无数次的谈判、协商和诉讼实现的。这至少可以给我们以下三点启示：第一，通过自由谈判、协商和诉讼所达成的最终补偿额可以代表事故各方对溢油导致的生态损害的评估，可以被看作一种均衡结果；第二，如果IOPC Funds处理海上溢油事故的过程有规律可循，将这种规律总结出来，至少可以为此后类似海上溢油事故的处理提供一种理论依据，而这种依据要比建立在纯粹推理基础上的生态系统服务价值评估体系和方法更具有说服力；第三，截至2015年年末，《1992年责任公约》的成员国为114个，这说明IOPC Funds对海上溢油事故生态损害经济补偿的处理方式和结果基本上能够被世界上大部分国家接受。

建立海上溢油生态损害经济补偿评估模型的首要问题是甄别其主要决定因素。影响海上溢油生态损害经济补偿的因素众多，如责任限额、溢油量、油品、事故位置、受害国的GDP、季节、洋流、海域开发程度等。在众多的影响因素中，有些是主要因素，有些是次要因素，因此，本章首先运用灰色关联分析甄别出影响海上溢油生态损害经济补偿的主要因素。

4.1 已有文献对海上溢油生态损害经济补偿决定因素的探讨

已有的文献对海上溢油生态损害经济补偿的决定因素进行了较为详细的探讨。许多研究者在使用外部性理论和公共物品理论分析油污损害补偿时对决定溢油社会成本的因素进行了详细的探讨，根据前面的论述，这些因素实际上就是决定海上溢油生态损害经济补偿的因素。Holmes(1977)认为溢油位置、清污战略选择和溢油量对清污总成本和平均成本的影响最为重要，而溢油位置和清污战略的搭配对清污总成本和平均成本的影响巨大，溢油量则与平均成本反方向变动。由于1970年代关于溢油的赔偿案例不多，相关的研究亦不多见，因此，对于到底还有哪些因素会影响清污成本，Holmes并不十分确定，但其文章为之后的研究提供了基础性帮助。1980年代，研究者对溢油成本影响因素的研究基本上延续了Holmes的研究方向。White & Nichols(1983)在提交给国际溢油大会(IOSC)的文章中，提请与会者注意分析影响溢油成本的因素，如油品、溢油位置、总溢油量及海上和岸上的响应机制，而在这些因素中，作者认为油品是影响清污成本的最重要因素之一。Moller et al.(1987)认为位置、油品、溢油量、地理区域、清污技术选择对溢油成本的影响不同，在所有因素中，作者认为位置是影响成本的首要因素。文章不仅讨论了不同地理区域对清污的影响，而且分析了欧洲、北美、远东等不同区域溢油清污的不同处理方式成本的差异。Moller et al.的分析比较类似于Holmes的分析，但Moller et al.不仅比Holmes分析得详细，而且皆以所发生的实际案例作为分析对象。随着理论研究的深入和实践的增加，1990年代后，研究者对溢油成本影响因素的分析更加全面深入。Etkin(1999)认为清污成本强烈地受油品、溢油地点、溢油时间、受影响或威胁的敏感区域、溢油地的责任限制、地方和国家的法律、清污战略影响，而决定单位溢油成本的主要因素则是溢油位置、油品和可能的总溢油量，并且各影响因素之间存在着复杂的关系。Grey(1999)依据 IOPC Funds 处理的海上溢油污染事故案例，认为溢油成本主要受溢油量、油品、溢油位置、油轮总吨位、国际公约补偿限额的影响，并认为试图寻找总溢油成本或者平均溢油成本与溢油量之间一般关系的企图是完全无效的。但 Grey 的结论并没有抑制研究者们探求溢油成本与溢油量之间关系的热情，进入 21 世纪后，研究者在研究溢油量与溢油成本之间定量关系方面取得了长足的进步，但是没有文献再专门讨论影响溢油成本因素，往往是在研究溢油量与溢油成本关系的过程中顺便地讨论一下影响溢油成本的因素。

尽管已有文献对影响海上溢油生态损害经济补偿的因素进行了探讨，但并没有文献运用较为科学的工具对这些因素进行主次区分。众所周知，在进行回归分析时，考虑的自变量越多，模型的可信度越低，而如果仅仅抽取某一变量进行回归分析，很可能导致虚假回归问题。为了规避以上问题，本章首先使用灰色关联分析区分影响海上溢油生态损害经济补偿的主要因素和次要因素。

4.2　海上溢油生态损害经济补偿主要因素的判别：灰色关联分析

灰色关联分析是灰色系统理论的一个重要方法，在处理“小样本”“贫信息”的不确定性问题方面具有较强的优势，其基本思想主要是通过序列曲线的几何形状的相近程度来分析不同序列之间的联系，其对数据的要求相对宽松，弥补了一些传统数理分析方法(回归分析、方差分析等)的不足，如要求样本量大、需要样本符合某种分布等。因此，灰色关联分析自 1980 年代邓聚龙提出以来，其应用范围逐步拓宽。但灰色关联分析仅表示一种序关系，而非一种函数关系，因此，灰色关联分析无法建立因变量与自变量之间的数量关系。

将灰色关联分析与回归分析相结合，首先确定各因素对研究目标的影响程度，进而再通过回归分析建立相应的函数关系，可以提高模型的精确度和可信度。

4.2.1 灰色关联分析模型的构建和说明

通常，灰色关联分析可以分为五步（刘思峰、谢乃明，2008），如果考虑了原始序列选取，则灰色关联分析可以分为六个步骤：

第一步：原始序列选取。选定代表系统行为特征的数据序列和相关的因素序列，前者可以称为参考序列，后者可以称为比较序列，用 $X_0(k)$ 表示参考序列，$X_i(k)(i=1,2,\cdots,n)$ 表示比较序列，即

$$
\begin{aligned}
X_0(k) &= (x_0(1),\ x_0(2),\ \cdots,\ x_0(n)) \\
X_1(k) &= (x_1(1),\ x_1(2),\ \cdots,\ x_1(n)) \\
\cdots & \quad \cdots \quad \cdots \quad \cdots \\
X_i(k) &= (x_i(1),\ x_i(2),\ \cdots,\ x_i(n)) \\
\cdots & \quad \cdots \quad \cdots \quad \cdots \\
X_m(k) &= (x_m(1),\ x_m(2),\ \cdots,\ x_m(n))
\end{aligned}
$$

k 为观测对象序号（$k=1,\ 2,\ \cdots,\ n$），i 为序列编号（$i=1,\ 2,\ \cdots,\ m$）。依据前文的分析，本书将海上溢油污染事故的补偿总额作为生态系统经济补偿的参考序列，将溢油量、油品、责任限额、人均 GDP、溢油位置等作为比较数列。

第二步：无量纲化处理。由于原始序列的单位往往不一致，如补偿总额用货币单位、溢油量用公吨等，不同单位之间的数据比较无意义，所以需要对原始数据进行无量纲化处理，得到新的序列。考虑到海上溢油生态损害经济补偿的特点，本书采用均值化处理，得到的新序列称为均值像，即

$$
\begin{aligned}
X_0(k)D_0 &= (x'_0(1),\ x'_0(2),\ \cdots,\ x'_0(n)) \\
X_1(k)D_1 &= (x'_1(1),\ x'_1(2),\ \cdots,\ x'_1(n)) \\
\cdots & \quad \cdots \quad \cdots \quad \cdots \\
X_i(k)D_j &= (x'_i(1),\ x'_i(2),\ \cdots,\ x'_i(n)) \\
\cdots & \quad \cdots \quad \cdots \quad \cdots \\
X_m(k)D_m &= (x'_m(1),\ x'_m(2),\ \cdots,\ x'_m(n))
\end{aligned}
$$

D_j 称为序列算子（$j=0, 1, \cdots, m$），由于使用均值处理，则 $x'_j(k)=\dfrac{x_j(k)}{\frac{1}{n}\sum_{k=1}^{n}x_j(k)}$。

第三步：求差序列。用参考序列减去比较序列，并求绝对值，即

$$\Delta_i(k)=|x'_0(k)-x'_i(k)|$$

从而得到差序列：

$$\Delta_i=(\Delta_i(1), \Delta_i(2), \cdots, \Delta_i(n)) \quad i=1, 2, \cdots, m$$

第四步，寻找差序列中的最大值和最小值。即令

$$M=\max_i \max_k \quad \Delta_i(k)$$

$$m=\min_i \min_k \quad \Delta_i(k)$$

第五步：求关联系数。即

$$\varepsilon_{0i}(k)=\frac{m+\varphi M}{\Delta_i(k)+\varphi M}$$

$$k=1, 2, \cdots, n;\ i=1, 2, \cdots, m$$

ε_{0i} 称为参考序列与第 i 个比较序列的关联系数，$\varphi \in (0, 1)$ 为分辨系数，通常，在许多研究中取 $\varphi=0.5$[①]，本书亦遵守该规则。

第六步：计算关联度。

$$\varepsilon_{0i}=\frac{1}{n}\sum_{k=1}^{n}\varepsilon_{0i}(k)$$

$$k=1, 2, \cdots, n;\ i=1, 2, \cdots, m$$

关联度计算之后，将关联度进行排序，从而确定各个因素对研究对象的影响。进而可以选取少数几个因素确定出精确的定量关系，避免仅通过臆测导致忽略关键因素或者过分关注非关键因素的问题。

---

① 吕锋，“灰色系统关联度之分辨系数的研究”，《系统工程理论与实践》，1997 年第 6 期，第 54 页。

4.2.2 数据的处理

如前所述，本书用海上溢油污染事故补偿总额作为海洋生态服务价值损害的货币表现，当然，海上溢油污染事故补偿总额也可以看作为溢油事故污染者为恢复生态系统所支付的成本。

1. 关于数据的三点说明。

首先，假设人类的生态意识与人类的富裕程度成正相关关系，而人类的富裕程度可以使用人均 GDP 表示，那么，人均 GDP 也可以作为人类生态意识的替代项。其次，由于在进行补偿时 IOPC Funds 通常使用英镑来计量补偿总额，而目前国际上通常使用美元核算各种统计指标，为了国际间比较的方便，须将以英镑计价的补偿总额转换为以美元计价的补偿总额，本书以补偿结束当年的平均汇率作为转换汇率。最后，由于通货膨胀等因素的存在，美元在不同年份的价值不同，为了便于不同年份补偿总额之间可以比较，需要将以当年美元计算的补偿总额换算成以固定年份美元计算的价值，本书选取 2010 年美元价值(见附表二)计算各年度的补偿额。

2. 数据的来源、筛选与分类。

首先，如前所述，截至 2015 年 12 月 31 日，IOPC Funds 共处理 149 件海上溢油污染事故，已经结束的案例是 136 个。依据研究目的及为了保持全书的一致性，在 136 个案例中，本书又剔除掉了溢油量小于 7 吨的小型海上溢油事故案例、缺乏关键信息的案例(如无法确定溢油船舶、无溢油量和没有具体补偿额)和无经济补偿的案例，共剩余 82 个案例①。其次，在 82 个案例中，为了确保信息的准确性，本书以 IOPC Funds 历年报告(1978—2015)为主，同时参考 ITOPF、NOAA、Cedre、CTX 数据库和受害国的环境保护部门的相关记录。当不同机构或组织的记录出现差异时，本书采用大部分机构认可的数据，如关于溢油量的记录。最后，根据影响海上溢油事故经济补偿因素的数据的可得性，

① 在缺乏关键信息的溢油事故案例中，其他机构或政府组织如 ITOPF、NOAA、CEDRE、CTX 亦没有给出关键信息甚至没有这些事故的记录；无经济补偿的案例主要是溢油事故发生之后，大部分油污飘向公海，对沿岸国家的影响微乎其微，尽管沿岸国家向 IOPC Funds 做了通报，但最终无任何机构或组织向事故责任方和相关方提出索赔，因此，没有发生经济补偿。

本书分成两部分分别研究当包含 6 个因素和 4 个因素时，分析各因素在影响海上溢油生态损害经济补偿过程中的重要程度，为后面建立补偿额与影响因素间的数量关系奠定基础。

4.2.3　主要因素的判别

依据前面的文献分析可知，许多因素都会对补偿额产生影响，如溢油量、船舶总吨位、事故地点、油品、季节、事故海域洋流状况、海水表层温度、风速、日照强度、受害国法律制度、经济发展状况等等，但不同因素对补偿额的影响程度不同。正如前面的文献分析，在诸多因素中，大部分研究者通常认为溢油量和船舶吨位是影响补偿额的最重要因素，致力于建立溢油量、船舶吨位和补偿额之间的数量关系；亦有部分研究者试图分析补偿额与其他因素之间的关系。但并没有研究者分析各因素在影响溢油事故经济补偿中的重要程度的差异，因此，本书尝试使用灰色关联分析法分析各因素在影响海上溢油生态损害经济补偿中重要程度的差异。

1. 对 6 个影响因素分析。

本书分析影响海上溢油生态损害经济补偿额的 6 个因素包括：油品（以密度表示）、事故位置（以事故离海岸线距离表示）、受污染海岸线长度、溢油量、受害国人均 GDP 和责任限额①（见附表一）。在灰色关联度分析中，补偿额为参考序列，该 6 因素为比较序列。通过无量纲处理，计算之后的结果为表 4-1。

从表 4-1 可以看出，6 个影响海上溢油生态损害经济补偿的因素中，其关联度系数的顺序为 $\varepsilon_{06} > \varepsilon_{02} > \varepsilon_{04} > \varepsilon_{03} > \varepsilon_{01} > \varepsilon_{05}$②，即在影响海上溢油生态损害经济补偿的诸因素中，责任限额＞事故位置＞溢油量＞受污染海岸线长度＞油品＞受害国人均 GDP。因此，在影响经济补偿额方面，责任限额的重要程度要远远超过溢油量，这也可能是 Cohen 不太认同直接建立清污成本与溢油量之间数量关系的原因；而发生事故的位置的重要性要远远超过受污染海岸

① 责任限额是指油轮船东依据《1969 年责任公约》、《1992 年责任公约》和《2006 年小油轮油污赔偿协议》（STOPIA2006）所承担的最高补偿额。

② 在保留小数点后 4 位的情况下，ε_{01} 和 ε_{05} 相同；超过 4 位之后，ε_{01} 大于 ε_{05}，如读者感兴趣，可以向作者索取。

表 4-1 6 个影响因素的关联系数和关联度计算结果

序号	船名	事故时间	密度 $\varepsilon(k)_{01}$	事故离海岸线距离 $\varepsilon(k)_{02}$	受污染海岸线 $\varepsilon(k)_{03}$	溢油量 $\varepsilon(k)_{04}$	受害国人均 GDP $\varepsilon(k)_{05}$	责任限额 $\varepsilon(k)_{06}$	补偿年份
1	Global Asimi 油轮	1981.11.21	0.815 1	0.967 2	0.895 2	0.783 5	0.976 7	0.987 7	1983
2	Folgoet 成品油轮	1985.12.31	0.804 2	0.983 0	0.881 2	0.988 5	0.847 3	0.969 7	1986
3	Brady Maria 油轮	1986.1.3	0.813 5	0.986 5	0.740 6	0.973 0	0.832 0	0.973 3	1987
4	Jan 油轮	1985.8.2	0.808 2	0.977 1	0.998 9	0.982 5	0.783 8	0.983 3	1987
5	Thuntank 5 油轮	1986.12.21	0.833 6	0.943 7	0.757 2	0.945 8	0.790 3	0.952 7	1989
6	Amazzone 油轮	1988.1.30	0.824 1	0.395 4	0.448 9	0.990 5	0.816 2	0.995 5	1992
7	Akari 沿岸油轮	1987.8.25	0.796 3	0.995 1	0.934 0	0.987 2	0.768 5	0.998 5	1992
8	Rio Orinoco 沥青船	1990.10.16	0.884 8	0.887 4	0.907 9	0.890 1	0.914 5	0.900 0	1993
9	Agip Abruzzo 油轮	1991.4.10	0.915 0	0.908 5	0.844 7	0.901 6	0.942 7	0.924 5	1994
110	Sung IL N°1 沿岸油轮	1994.11.8	0.793 5	0.999 5	0.991 3	0.999 9	0.901 1	1.000 0	1994
111	Taiko Maru 沿岸油轮	1993.5.31	0.897 2	0.930 7	0.969 6	0.880 0	0.785 7	0.876 3	1994
12	Seki 油轮	1994.3.30	0.958 0	0.928 7	0.827 8	0.983 9	0.981 1	0.977 1	1996
13	Honam Sapphire 油轮	1995.11.17	0.912 3	0.867 7	0.951 8	0.894 0	0.950 5	0.870 0	1999
14	Aegean Sea OBO 轮	1992.12.3	0.842 3	0.703 8	0.745 0	0.509 2	0.787 1	0.744 4	2002
15	Evoikos 油轮	1997.10.15	0.850 8	0.986 5	0.972 4	0.684 5	0.901 0	0.919 6	2002

（续表）

序号	船　　名	事故时间	密　度 $\varepsilon(k)_{01}$	事故离海岸线距离 $\varepsilon(k)_{02}$	受污染海岸线 $\varepsilon(k)_{03}$	溢油量 $\varepsilon(k)_{04}$	受害国人均 GDP $\varepsilon(k)_{05}$	责任限额 $\varepsilon(k)_{06}$	补偿年份
16	Nakhodka 油轮	1997.1.2	0.349 9	0.571 0	0.425 4	0.333 5	0.352 4	0.570 2	2002
17	Baltic Carrier 油轮	2001.3.29	0.957 2	0.827 9	0.918 7	0.855 5	0.803 0	0.897 7	2003
18	Natuna Sea 油轮	2000.10.3	0.909 4	0.973 9	0.910 6	0.990 6	0.887 4	0.640 7	2003
19	Sea Empress 油轮	1996.2.15	0.643 2	0.558 7	0.781 6	0.635 0	0.705 6	0.636 5	2003
20	Braer 油轮	1993.1.5	0.589 0	0.597 7	0.537 0	0.607 7	0.639 0	0.550 3	2007
21	Katja 油轮	1997.8.7	0.807 6	0.964 7	0.999 3	0.968 1	0.768 8	0.896 1	2008
22	Pantoon 300 驳船	1998.1.7	0.807 4	0.877 4	0.923 8	0.883 9	0.757 0	0.993 4	2008
23	Shosei Maru 油轮	2006.11.28	0.868 5	0.925 3	0.911 9	0.902 3	0.853 5	0.983 0	2008
24	Solar 1 油轮	2006.8.11	0.920 0	0.928 8	0.884 9	0.870 9	0.855 6	0.866 0	2013
	关联度 ε_{0i}		0.816 7	0.861 9	0.840 0	0.851 7	0.816 7	0.879 4	

注：分辨系数为 0.5，计算结果保持小数点后 4 位。

线长度，这恰恰表明，海上溢油生态损害经济补偿并不是单纯的考虑溢油对生态系统某一方面（如海洋环境）的损害，而是考虑溢油对整个生态系统造成的损害。而之前的研究者通常将油品作为影响补偿额的重要因素，从计量结果来看，油品并没有已有文献所强调的那么重要，其对海上溢油生态损害经济补偿的影响仅仅高于受害国的人均 GDP。

2. 对 4 个影响因素分析。

在大部分的报告和数据库中，事故离海岸线距离和受污染海岸线长度两个因素的信息往往是无法获得的，而其他 4 个因素的信息基本上是比较完善的。随着影响因素的变化，是否会改变不同因素的相关度顺序呢？如果因素的增减不影响相关度顺序，那么就可以断定某些因素是确定补偿额的关键因素（如责任限额、溢油量）；如果因素的增减导致相关度顺序发生较大变化，那么就很难确定哪些是影响补偿额的关键因素。因此，本书需计算 4 因素的相关度问题，原始数据见附表三，美元价格指数仍使用附表二的数据。通过对原始数据的无量纲化处理，计算相关因素的关联系数与关联度，结果见表 4-2。

表 4-2　4 个影响因素的关联系数和关联度计算结果

	船　名	事故时间	密　度 $\varepsilon(k)_{01}$	溢油量 $\varepsilon(k)_{02}$	受害国人均 GDP $\varepsilon(k)_{03}$	责任限额 $\varepsilon(k)_{04}$	补偿年份
1	Antonio Gramsci 油轮	1979.2.27	0.773 5	0.791 4	0.732 2	0.758 7	1981
2	Furenas 油轮	1980.6.3	0.913 8	0.988 3	0.891 9	0.986 1	1981
3	Mebazuzaki Maru N°5 穿梭油轮	1979.12.8	0.901 0	0.999 2	0.917 0	0.999 0	1981
4	Miya Maru N°8 油轮	1979.3.22	0.915 0	0.994 9	0.931 6	0.986 1	1981
5	Showa Maru 油轮	1980.1.9	0.909 4	0.991 2	0.925 7	0.989 7	1981
6	Hosei Maru 油轮	1980.8.21	0.914 8	0.988 8	0.941 8	0.985 3	1982
7	Suma Maru N°11 油轮	1981.11.21	0.901 1	0.999 1	0.927 3	0.999 5	1982
8	Unsei Maru 油轮	1980.1.9	0.900 6	0.997 3	0.926 7	0.999 7	1982
9	Fukutoko Maru N°8 油轮	1982.4.3	0.924 3	0.973 7	0.948 3	0.973 3	1983
10	Global Asimi 油轮	1981.11.21	0.928 7	0.733 4	0.995 7	0.998 4	1983
11	Kifuku Maru N°35 油轮	1982.12.1	0.900 3	0.999 6	0.923 1	1.000 0	1983

（续表）

	船　　名	事故时间	密　度 $\varepsilon(k)_{01}$	溢油量 $\varepsilon(k)_{02}$	受害国人均GDP $\varepsilon(k)_{03}$	责任限额 $\varepsilon(k)_{04}$	补偿年份
12	Ondina 油轮	1982.3.3	0.962 4	0.877 8	0.938 2	0.934 2	1983
13	Shiota Maru N°2 油轮	1982.3.31	0.905 1	0.994 3	0.928 2	0.994 4	1983
14	Eiko Maru N°1 油轮	1983.8.13	0.904 5	0.996 9	0.926 6	0.998 1	1984
15	Tanio 油轮	1980.3.7	0.723 4	0.854 6	0.703 4	0.690 6	1984
16	Tsunehisa Maru N°8 油轮	1984.8.26	0.901 2	0.999 4	0.921 2	0.998 8	1985
17	Folgoet 成品油轮	1985.12.31	0.914 6	0.989 7	0.923 2	0.980 5	1986
18	Koei Maru N°3 油轮	1983.12.22	0.902 5	0.998 2	0.890 8	0.997 3	1986
19	Koho Maru N°3 油轮	1984.11.5	0.908 4	0.990 5	0.896 4	0.990 6	1986
20	Sotka 油轮	1985.9.12	0.903 3	0.996 8	0.886 5	0.979 3	1986
21	Brady Maria 油轮	1986.1.3	0.926 6	0.973 7	0.919 7	0.972 1	1987
22	Jan 油轮	1985.8.2	0.919 8	0.983 7	0.885 8	0.981 5	1987
23	Jose Marti 油轮	1981.1.7	0.940 6	0.976 8	0.903 9	0.986 8	1987
24	Hinode Maru N°1 沿岸油轮	1987.12.18	0.900 3	0.999 7	0.861 3	0.999 9	1989
25	Kasuga Maru N°1 沿岸油轮	1988.12.10	0.939 8	0.980 0	0.897 4	0.956 8	1989
26	Oued Gueterini 油轮	1986.12.12	0.880 2	0.993 3	0.992 8	0.995 2	1989
27	Southern Eagle 油轮	1987.6.15	0.905 4	0.991 5	0.867 8	0.998 9	1989
28	Thuntank 5 油轮	1986.12.21	0.952 7	0.946 5	0.904 8	0.950 0	1989
29	Antonio Gramsci 油轮	1987.2.6	0.944 8	0.972 8	0.883 2	0.986 4	1990
30	Koshun Maru N°1 油轮	1985.3.5	0.902 0	0.999 6	0.866 1	0.997 9	1990
31	Kazuei Maru N°10 油轮	1990.4.10	0.904 3	0.995 5	0.857 8	0.995 2	1991
32	Portfield 油轮	1990.11.5	0.907 6	0.995 1	0.899 7	0.993 4	1991
33	Amazzone 油轮	1988.1.30	0.940 5	0.999 5	0.916 2	0.992 6	1992
34	Akari 沿岸油轮	1987.8.25	0.904 5	0.981 7	0.869 0	0.997 3	1992
35	Volgoneft 263 油轮	1990.5.14	0.928 4	0.979 9	0.871 0	0.968 2	1992
36	Kaiko Maru N°86 油轮	1991.4.12	0.906 8	0.992 4	0.839 0	0.993 0	1993
37	Rio Orinoco 沥青船	1990.10.16	0.982 9	0.890 9	0.986 0	0.896 9	1993

（续表）

	船　名	事故时间	密　度 $\varepsilon(k)_{01}$	溢油量 $\varepsilon(k)_{02}$	受害国人均GDP $\varepsilon(k)_{03}$	责任限额 $\varepsilon(k)_{04}$	补偿年份
38	Agip Abruzzo 油轮	1991.4.10	0.957 3	0.910 3	0.960 9	0.973 4	1994
39	Patmos 油轮	1985.3.21	0.983 4	0.934 6	0.981 2	0.982 0	1994
40	Ryoyo Maru 沿岸油轮	1993.7.23	0.921 8	0.992 7	0.827 1	0.999 1	1994
41	Sung IL N°1 沿岸油轮	1994.11.8	0.900 9	0.999 5	0.947 4	0.999 5	1994
42	Taiko Maru 沿岸油轮	1993.5.31	0.966 1	0.882 1	0.936 8	0.875 4	1994
43	Vistabella 油轮	1991.3.7	0.916 3	0.972 3	0.991 1	0.999 1	1994
44	Toyotaka Maru 油轮	1994.10.17	0.993 9	0.912 0	0.894 8	0.910 9	1995
45	Seki 油轮	1994.3.30	0.846 1	0.907 6	0.885 8	0.952 9	1996
46	Senyo Maru 油轮	1995.9.3	0.939 5	0.957 6	0.871 0	0.957 4	1996
47	Kihnu 油轮	1993.1.16	0.901 1	0.997 9	0.983 2	0.999 4	1997
48	Boyang N°51 燃油驳船	1995.5.25	0.903 2	0.997 5	0.962 1	0.999 1	1998
49	Joeng Jin N°101 供油驳船	1997.4.1	0.903 1	0.999 3	0.964 4	0.998 8	1998
50	Diamond Grace 油轮	1997.7.2	0.952 8	0.895 0	0.982 4	0.930 7	1999
51	Honam Sapphire 油轮	1995.11.17	0.955 6	0.901 7	0.908 0	0.928 1	1999
52	Kyungnam N°1 沿岸油轮	1997.11.7	0.901 9	0.998 2	0.948 5	0.998 2	2000
53	N°1 Yung Jung 穿梭驳船	1996.8.15	0.993 6	0.994 3	0.952 3	0.994 7	2000
54	Osung N°3 油轮	1997.4.3	0.976 6	0.886 7	0.923 3	0.882 1	2001
55	Aegean Sea OBO 轮	1992.12.3	0.756 7	0.425 2	0.744 1	0.734 5	2002
56	Evoikos 油轮	1997.10.15	0.975 2	0.619 6	0.986 0	0.955 8	2002
57	Nakhodka 油轮	1997.1.2	0.333 4	0.338 0	0.337 0	0.934 4	2002
58	Nissos Amorgos 油轮	1997.2.28	0.918 8	0.901 8	0.848 1	0.583 2	2002
59	Baltic Carrier 油轮	2001.3.29	0.949 2	0.905 6	0.985 4	0.973 7	2003
60	Kriti Sea 油轮	1996.8.9	0.940 8	0.963 0	0.946 1	0.962 0	2003
61	Natuna Sea 油轮	2000.10.3	0.994 9	0.942 7	0.996 7	0.769 6	2003
62	Sea Empress 油轮	1996.2.15	0.666 2	0.466 3	0.686 8	0.678 4	2003
63	Sea Prince 油轮	1995.7.23	0.777 8	0.787 3	0.752 7	0.819 3	2003
64	Buyang 油轮	2003.4.22	0.909 8	0.989 2	0.946 2	0.968 3	2004
65	Duck Yang 油轮	2003.9.12	0.922 5	0.980 6	0.960 0	0.982 7	2004

（续表）

	船　名	事故时间	密　度 $\varepsilon(k)_{01}$	溢油量 $\varepsilon(k)_{02}$	受害国人均 GDP $\varepsilon(k)_{03}$	责任限额 $\varepsilon(k)_{04}$	补偿年份
66	Hana 沿岸油轮	2003.5.13	0.910 7	0.989 5	0.945 8	0.967 9	2004
67	Jeong Yang 油轮	2003.12.23	0.930 4	0.981 1	0.968 5	0.970 2	2004
68	Keumdong N°5 供油驳船	1993.9.27	0.900 2	0.839 5	0.867 2	0.818 8	2004
69	Kyung Won 供油驳船	2003.9.12	0.925 3	0.972 9	0.963 0	0.985 8	2004
70	N°11 Hae Woon 油轮	2004.7.22	0.902 6	0.997 2	0.938 5	0.940 0	2004
71	Zeinab 走私船(油轮)	2001.4.14	0.912 9	0.994 1	0.873 4	0.971 8	2004
72	Yeo Myung 油轮	1995.8.3	0.912 8	0.985 7	0.941 2	0.985 1	2005
73	N°7 Kwang Min 油轮	2005.11.24	0.916 8	0.981 1	0.939 5	0.958 7	2006
74	Braer 油轮	1993.1.5	0.545 4	0.478 4	0.572 9	0.542 4	2007
75	Al Jaziah 1 油轮	2000.1.24	0.911 5	0.991 1	0.862 5	0.972 4	2008
76	Katja 油轮	1997.8.7	0.925 9	0.968 7	0.880 9	0.926 4	2008
77	Pantoon 300 驳船	1998.1.7	0.917 1	0.851 9	0.866 4	0.999 1	2008
78	Shosei Maru 油轮	2006.11.28	0.998 5	0.902 5	0.967 1	0.962 0	2008
79	Slops 废油回收船	2000.6.15	0.937 9	0.990 6	0.935 2	0.939 1	2008
80	King Darwin 油轮	2008.9.27	0.908 9	0.990 9	0.852 9	0.739 3	2013
81	Solar 1 油轮	2006.8.11	0.934 0	0.879 5	0.849 0	0.931 9	2013
82	Volgoneft 139 油轮	2007.11.11	0.994 5	0.945 9	0.942 1	0.385 6	2014
	关联度 ε_{0i}		0.902 9	0.926 9	0.897 2	0.934 6	

注：分辨系数为 0.5，计算结果保留小数点后 4 位。

从表 4-2 可以看出，在 4 个影响海上溢油生态损害经济补偿的因素中，其关联度系数的顺序为 $\varepsilon_{04}>\varepsilon_{02}>\varepsilon_{01}>\varepsilon_{03}$，即在影响海上溢油生态损害经济补偿方面，责任限额>溢油量>油品>受害国人均 GDP。对 4 因素的关联度计算结果表明，责任限额与溢油量仍然是两个最为重要的因素，油品和受害国人均 GDP 仍然是排在最后两位的因素。

人们通常认为，人类生态意识的强弱会严重影响海上溢油生态损害的经济补偿额，而生态意识的强弱与人们的富裕程度有关，人均 GDP 在某种程度上可以表示人们的富裕程度，这也是本书用受害国人均 GDP 表示人们生态意识的假设前提。但计算结果是否意味着人们的生态意识对生态损害经济补偿的影响不重要呢？显然不是，其原因如下：一是计算所使用的数据大部分来自人均GDP较高的发达国家，发达国家海洋生态的保护和对海洋的研究都优于其他国家，那么发达国家海域的自净能力和修复率会优于其他国家，根据第4章中的推论3和推论4，海上溢油生态损害经济补偿和修复率、海洋生态系统的自净能力成反方向变动，这部分抵消了人类生态意识与海上溢油生态损害经济补偿正相关关系，从而降低了受害国人均GDP与海上溢油生态损害经济补偿的关联度。二是信息透明度问题。通常，发达国家的信息透明度要高于其他国家，从而出现道德风险的概率相对较低。

3. 计量结果的分析与说明。

从以上计量结果可以看出，无论是6因素还是4因素的灰色关联分析，责任限额和溢油量都是两个最为重要的因素，尤其是责任限额。尽管责任限额并不能限制最终的补偿额，如附表三表明，许多海上溢油事故的补偿额最终都超过了责任限额，甚至有的溢油事故的补偿额是责任限额的数十倍甚至数百倍，当然，亦有部分溢油事故最终补偿额仅为责任限额的十分之一或者几十分之一。无论如何，事故中的各方能够达成协议也说明，在自由协商或者诉讼制度下，受害者作为海洋生态系统服务的需求方能够接受因生态系统服务的供给减少而由污染者支付的对价，这说明生态系统服务的需求和供给在某种条件下是可以实现均衡的。

由于灰色关联度分析只能判别影响补偿额的各因素与补偿额之间关联程度的高低，而无法给出其与补偿额之间具体的数量关系，所以要精确地确定补偿额及其影响因素之间的数量关系，须借助于回归分析。

4.3 本章小结

在影响海上溢油生态损害经济补偿众多因素中，有的因素是主要因素，有的因素是次要因素，如果不加区别地针对所有影响因素建立与补偿额之间的数量关系，自变量过多会降低计量结果的可信度；如果仅针对溢油量和补偿额建立数量关系，由于忽略了主要的影响因素，计量结果的可信度更不高。

本章运用灰色关联分析甄别出了影响海上溢油生态损害经济补偿的主要因素。无论是对影响海上溢油生态损害经济补偿的 6 个因素的分析还是 4 个因素的分析，计量结果都表明，责任限额和溢油量是影响经济补偿额的最为主要的两个因素。

计量结果表明，一向被研究者忽略的责任限额是影响海上溢油生态损害经济补偿最重要的因素，在对 6 因素分析中，溢油量对海上溢油生态损害经济补偿的影响不及事故发生的位置；而在对 4 因素分析，溢油量对海上溢油生态损害经济补偿的影响仅次于责任限额。而油品和人均 GDP 在影响海上溢油生态损害经济补偿方面并没有像已有文献强调的那么重要。因此，本书在第 5、第 6 两章的分析中，主要精力集中于研究责任限额和溢油量对海上溢油生态损害经济补偿的影响。

第5章　海上溢油生态损害经济补偿理论模型的构建

如前所述，海上溢油生态损害的经济补偿问题不仅时间成本高昂，而且在溢油事故的处理过程中由于种种原因经常导致索赔额与实际补偿额之间的巨大差异。导致这些问题的关键原因是补偿额的确定存在较大困难：理论上，由于海上溢油生态损害经济补偿是一个新问题，没有十分合适的成熟的理论给予指导，传统的外部性理论和公共物品理论在处理海上溢油生态损害经济补偿问题时产生了一系列问题，虽然新的生态系统服务价值理论受到研究者的欢迎，但该理论仍然处在不断完善过程中；实践中，人类必须在生态系统保护与经济发展中寻求平衡，既不能为了保护生态而停止发展经济，也不能为了发展经济忽略生态保护，如果补偿额过高，既可能会给溢油事故方带来沉重的财务负担，甚至导致事故方破产，又可能会出现过度补偿问题；如果补偿额过低，既可能会使生态系统的正常恢复受到阻碍，也有可能导致依赖于该海域生态系统生存的经济主体陷入困顿。因此，加强海上溢油生态损害经济补偿特别是关于补偿额的研究具有重要的理论和实践意义。

如前所述，传统外部性理论和公共物品理论从成本与收益的角度开展的海上溢油生态损害经济补偿的研究，主要精力集中于清污成本或总成本问题的探讨，而这两个成本的内涵和外延到目前仍然存在较大争议。同时，生态系统服务价值评估研究几乎进入了一种“进退维谷”的境地，既不能提出一个能够被理论界普遍接受的估值模型（方法），又出现了理论与实践严重脱节问题——理论的估算值通常不被实践认可。从生态学角度开展的海上溢油生态损害经济补偿研究所采取的与生态系统服务价值评估类似的方法，不仅具有生态系统服务价值评估所固有的缺陷，而且将生态损害评估项目分解的过细，如果按照该类研究实施海上溢油生态损害评估，必然耗费大量的人力、物力，时间成本高昂。

因此，本章尝试以生态系统服务价值理论为基础，借鉴已有的关于海上溢油生态损害经济补偿的研究成果，运用经济学的分析方法构建一个新的海上溢油生态损害经济补偿模型，主要阐述海上溢油生态损害经济补偿与第 4 章运用灰色关联分析所得出的责任限额、溢油量之间的关系。本书希望该模型能够对海上溢油、生态损害与经济补偿之间的关系给以理论解释，期望能够弥补海上溢油生态损害经济补偿缺乏理论支撑的不足。

5.1　理论模型构建的两个基本假设

海上溢油生态损害经济补偿问题既涉及生态学的基本理论和方法，又必须符合经济学的分析规范，因此，在构建海上溢油生态损害经济补偿的理论模型时，必须使模型既符合生态学的基本假设，又符合经济学的基本假设。

5.1.1　经济系统是生态系统的子系统

生态系统应该是一个包含人类在内的有机系统，生态学和经济学在分析整个生态系统时通常都采取二分法，即将经济系统从生态系统中分离出来，单独分析经济系统或者狭义的生态系统运行规律。生态学主要分析狭义生态系统的运行规律，经济学主要研究经济系统的运行规律，而两者之间的有效联系，无论是生态学还是经济学都很少涉及。

如第 2 章文献综述中所述，在 1960 年代，经济学家开始考虑经济系统和生态系统之间的关系，但这种研究往往被排斥在主流经济学之外。随着生态问题日益严重，包括生态学家和经济学家在内的一批研究者在思考经济发展的同时开始关注生态系统对经济系统的约束，生态经济学开始出现并逐渐发展起来。但是，经济学和生态学的割裂是如此的严重，即使生态经济学家对经济学和生态学的融合也没有十足的信心。随着生态系统服务价值概念的提出，生态学和经济学的融合向前迈进了一大步，生态系统服务价值成为连接生态学和经济学的“桥梁”。

尽管许多有价值的研究不断出现，但是生态系统服务价值的研究仍然处在初始阶段。本书在进行研究时，将经济系统看成整个生态系统的一个组成部分，是生态系统的一个子系统，这样，生态系统服务价值就转化为包含经济系统在内的价值，那么对生态系统服务价值的经济补偿也理所应当的包含对人类经济行为损害的补偿。

5.1.2 生态损害经济补偿的目的是实现生态系统服务价值的最大化

经济学所强调的瓦尔拉斯均衡是一种最优均衡——帕累托状态，一旦研究者偏离了这种研究目的，其研究往往不被主流经济学所接纳。从经济理论的发展历史来看，一种理论要最终成为经济理论，就必须符合经济学现有的分析规范。海上溢油生态损害经济补偿作为生态学和经济学相结合的应用研究，在理论上，其首先不能背弃传统经济学的分析规范。因此，本书首先假定海上溢油生态损害经济补偿的目的是实现受损海域生态系统服务价值最大化，即海上溢油生态损害经济补偿是均衡状态下的生态系统服务价值。

实践中，许多国家(包括 IOPC Funds)在处理海上溢油污染事故时采取的方式是自由诉讼，如果将自由诉讼制度下所达成的最终补偿额看作损害主体和受害主体间关于受损海域生态服务价值供求双方的价值评估，那么补偿额就可以看作均衡状态下该海域生态系统服务的价值，也就是该海域生态系统所能够提供的最大的服务的价值。

5.2 生态系统服务价值函数

假设社会计划者的目的是保持受海上溢油污染损害的生态系统在$[0, T]$期内提供的服务价值最大化，而受害生态系统的服务价值由所获得的经济补偿$C(t)$[①]和生态损害$D(t)$两部分决定，则受害生态系统服务价值的即期函数为：

① $C(t)$作为海上溢油生态损害的经济补偿，可以看作在t时刻为修复生态系统所进行的投入，根据附表三，责任限额LC虽然影响$C(t)$但并不是其硬约束，即LC进入$C(t)$，但不是$C(t)$的约束条件。

$$v = v[C(t),\ D(t)] \tag{5-1}$$

那么,社会计划者所追求的则为

$$\max\ V = \max \int_0^T v[C(t),\ D(t)]e^{-\rho t}dt \quad 0 < p < 1 \tag{5-2}$$

其中,ρ 是贴现因子,$e^{-\rho t}$ 表示相比于生态系统将来的服务价值,社会计划者更加重视当下的生态系统服务价值,亦即以目前的标准所评判的将来的生态系统服务价值。那么,社会计划者就是追求受损害的生态系统在发生溢油的 $[0,\ T]$ 期内由货币补偿和生态损害所决定的服务价值贴现到 0 期的最大化。

海上溢油事故发生之后,污染者及相关组织通常被要求提供一定的货币量作为因溢油导致的生态损害的补偿,以便各种减缓生态损害的措施的实施,如溢油的收集、油污的清理、海洋生物的救护等。因此,通常情况下,厂商支付的货币量越大,所实施的各种措施越充分,生态系统越能够获得更加充分的修复,那么,生态系统可以提供的服务也就越大,其价值也就越高;同时,生态系统遭受的损害越严重,其可以提供的服务越小,价值也越低,即

$$\frac{\partial v}{\partial C} > 0,\ \frac{\partial v}{\partial D} < 0 \tag{5-3}$$

一方面,生态系统中各种生物都有自身生产生长规律,一旦被消灭或者损害之后,需要一定的时间重新生产生长,人类所采取的措施仅仅是为这些生物的生产生长提供良好的环境,而不能改变其生产生长规律;因此,生态系统受损之初所采取的措施效果要优于后期所采取的措施;另一方面,随着补偿额度的增加,通常货币的使用效率会下降;因此,额外增加的一单位货币量所取得的生态系统的修复效果越不明显;而污染往往全面地影响整个生态系统,当污染积累到一定程度之后,极小的污染都有可能导致整个生态系统的崩溃,即生态损害会导致生态系统服务价值的快速下降,生态系统对生态损害非常敏感,即

$$\frac{\partial^2 v}{\partial C^2} < 0,\ \frac{\partial^2 v}{\partial D^2} < 0 \tag{5-4}$$

5.3 生态损害的动态方程

由于生态损害是溢油量的函数，所以可以假设在 $t=0$ 时刻发生了海上溢油，溢油量为 S，设每单位溢油导致的生态损害 d 是溢油毒性(油品)、离海岸的距离、潮汐、海面风速、光照、海水温度、生态敏感度等多种因素的函数，由于潮汐、海面风速、光照等属于不确定因素，某一区域的海水温度、生态敏感度往往具有固定或者固定变化的规律，因此，在考虑某次每单位溢油导致的生态损害时，研究者往往仅考虑溢油毒性等级 p 和溢油离海岸的距离 l，即 $d=f(p, l)$，则 $D=dS$，所以初始的生态损害 $D(0)=d_0S_0$，那么，某次海上溢油导致的生态损害的变化为

$$D(t)=d_0S_0-\delta C(t)-\gamma D(t) \tag{5-5}$$

其中，δ 为每单位货币补偿所能够减少的生态损害量，可以称为修复率；γ 为自净能力，即当溢油发生之后，海洋生态系统自身可以部分降低溢油导致的损害。为了处理的方便，本书假设修复率与经济补偿、自净能力与生态损害之间的关系皆为线性关系。

5.4 证明过程

根据生态系统服务价值函数的特点，假设其即期函数的形式为

$$v[C(t), D(t)]=b_1C(t)^\alpha-b_2D(t)^\beta \quad 0<\alpha<1,\ 1<\beta<2 \tag{5-6}$$

其中，b_1，b_2为大于零的常数。α 和 β 分别表示生态系统服务价值对经济补偿额和生态损害的弹性系数，即生态系统对经济补偿和生态损害的敏感度。那么，根据公式(5-2)，社会计划者的目的就是在(5-5)式约束下使生态系统服务价值函数现值最大化：

$$\text{Max } V=\int_{0}^{T}[b_1C(t)^{\alpha}-b_2D(t)^{\beta}]e^{-\rho t}dt \quad 0<\rho<1 \tag{5-7}$$

综合公式(5-5)和(5-6)，构造汉密尔顿函数：

$$H=[b_1C(t)^{\alpha}-b_2D(t)^{\beta}]e^{-\rho t}+\lambda(t)[dS-\delta C(t)-\gamma D(t)] \tag{5-8}$$

$\lambda(t)$为生态损害的影子价格。对汉密尔顿函数求 $C(t)$偏导数，得

$$\frac{\partial H}{\partial C}=\alpha b_1C(t)^{\alpha-1}e^{-\rho t}-\delta\lambda(t)=0$$

即

$$\lambda(t)=\frac{\alpha b_1}{\delta}C(t)^{\alpha-1}e^{-\rho t} \tag{5-9}$$

对汉密尔顿函数求 $D(t)$的偏导数，得

$$-\lambda(t)=\frac{\partial H}{\partial D}=-\beta b_2D(t)^{\beta-1}e^{-\rho t}-\gamma\lambda(t)$$

整理得欧拉方程

$$\lambda(t)-\gamma\lambda(t)=\beta b_2D(t)^{\beta-1}e^{-\rho t} \tag{5-10}$$

解(5-10)式，得

$$\lambda(t)=Ae^{\gamma t}+e^{\gamma t}\int\beta b_2D(t)^{\beta-1}e^{-\rho t}e^{-\gamma t}dt \tag{5-11}$$

A 为大于零的常数。将 $D=dS$ 代入 5-11 中，可得

$$\lambda(t)=Ae^{\gamma t}-\frac{\beta b_2}{\rho+\gamma}d^{\beta-1}S^{\beta-1}e^{-\rho t} \tag{5-12}$$

根据 5-9 与 5-12 可以得到

$$C(t)=\left[\frac{\delta}{\alpha b_1}\left(Ae^{(\rho+\gamma)t}-\frac{\beta b_2}{\rho+\gamma}d^{\beta-1}S^{\beta-1}\right)\right]^{\frac{1}{\alpha-1}} \tag{5-13}$$

由于 $C(t)>0$，令 $H=Ae^{(\rho+\gamma)t}-\frac{\beta b_2}{\rho+\gamma}d^{\beta-1}S^{\beta-1}$，则 $H>0$，将经济补偿

看成修复率、自净率、每单位溢油导致的生态损害、溢油量和责任限额 LC 的函数。责任限额受经济发展状况、投保人的需求等因素的影响，并且通常经济补偿的增长慢于责任限额的增长，因此，假设经济补偿是责任限额的指数函数，即式(5-13)可以写成

$$C(\delta,\gamma,d,S,L)=\left(\frac{\delta}{\alpha b_1}H\right)^{\frac{1}{\alpha-1}}(LC)^{\tau}\quad 0<\tau<1 \tag{5-14}$$

5.5 推论与解释

借助以上的证明过程，本书可以得出几个重要的推论。

对公式(5-14)对 S 分别求一阶和二阶偏导数，可以得到

$$\frac{\partial C}{\partial S}=(1-\beta)K\,\frac{\beta b_2}{\rho+\gamma}d^{\beta-1}S^{\beta-2}(LC)^{\tau}$$

由于 $2>\beta>1$，所以 $\frac{\partial C}{\partial S}>0$。同理可以得到

$$\frac{\partial^2 C}{\partial S^2}=\left[(1-\beta)(\beta-2)K\,\frac{\beta b_2}{\rho+\gamma}d^{\beta-1}S^{\beta-3}+\frac{(1-\beta)(2-\alpha)K}{H(\alpha-1)}\left(\frac{\beta b_2}{\rho+\gamma}d^{\beta-1}S^{\beta-2}\right)^2\right](LC)^{\tau}$$

由于 $2>\beta>1$，所以 $(1-\beta)(\beta-2)>0$，$(1-\beta)(\beta-2)K<0$；同理可得，$\frac{(1-\beta)(2-\alpha)K}{H(\alpha-1)}<0$。因此，$\frac{\partial^2 C}{\partial S^2}<0$。故可以得到推论 1。

推论 1：海上溢油生态损害经济补偿与溢油量成正相关，溢油的生态损害边际经济补偿是递减的。

本章的部分文献也表明，海上溢油导致的社会成本与溢油量具有正相关关系，也可以作为推论 1 的部分证明。但正如前面所述，大部分作者通常是根据研究需要将油污补偿额进行不同社会成本划分，主观性比较强。这也是导致不

同文献之间测算数据差距较大的根本原因。因此，推论 1 需要更进一步的检验。

公式(5-14)对 LC 分别求一阶和二阶偏导数，可得

$$\frac{\partial C}{\partial LC}=\tau\left(\frac{\delta}{\alpha b_1}H\right)^{\frac{1}{\alpha-1}}(LC)^{\tau-1}$$

与

$$\frac{\partial^2 C}{\partial LC^2}=\tau(\tau-1)\left(\frac{\delta}{\alpha b_1}H\right)^{\frac{1}{\alpha-1}}(LC)^{\tau-2}$$

依据(5-13)，则可得 $\frac{\partial C}{\partial LC}>0$，$\frac{\partial^2 C}{\partial LC^2}<0$。

推论 2：海上溢油生态损害的经济补偿与责任限额同方向变动，但其增长率低于责任限额的增长水平。

随着经济的发展和人们环保意识的增长以及索赔额的不断增加，作为海上石油运输的船东在预计可能面临更高索赔的情况下，往往愿意为油轮投保更高的保险额度，从而使平均的责任限额水平也随之增加。随着责任限额水平的提高，受害国能够获得经济补偿水平也随之提高

公式(5-14)对 δ 分别求一阶和二阶偏导数，可得

$$\frac{\partial C}{\partial \delta}=\frac{1}{\alpha-1}\delta^{\frac{2-\alpha}{\alpha-1}}\left(\frac{H}{\alpha b_1}\right)^{\frac{1}{\alpha-1}}(LC)^{\tau}$$

与

$$\frac{\partial^2 C}{\partial \delta^2}=\frac{2-\alpha}{(\alpha-1)^2}\delta^{\frac{1-2\alpha}{\alpha-1}}\left(\frac{H}{\alpha b_1}\right)^{\frac{1}{\alpha-1}}(LC)^{\tau}$$

由于 $1>\alpha>0$，$\delta>0$，$b_1>0$，$H>0$，所以 $\frac{\partial C}{\partial \delta}<0$，$\frac{\partial^2 C}{\partial \delta^2}>0$。因此，可以得到推论 3。

推论 3：海上溢油生态损害的经济补偿与修复率成反方向变动，修复率的

提高对经济补偿额度的降低具有加速效应。

推论 3 也表明,加强对海上油污、海洋生态等的研究以及海洋环境保护科技的发展可以降低海上溢油导致的生态损害,从而降低海上溢油生态损害的经济补偿额。

公式(5-14)对 γ 求一阶偏导数,得到

$$\frac{\partial C}{\partial \gamma}=\left[\frac{1}{\alpha-1}\left(\frac{\delta}{\alpha b_1}\right)^{\frac{1}{\alpha-1}}H^{\frac{2-\alpha}{\alpha-1}}\left(Ate^{(\rho+\gamma)t}+\frac{\beta b_2}{(\rho+\gamma)^2}d^{\beta-1}S^{\beta-1}\right)\right](LC)^{\tau} \tag{5-15}$$

令 $K=\frac{1}{\alpha-1}\left(\frac{\delta}{\alpha b_1}\right)^{\frac{1}{\alpha-1}}H^{\frac{2-\alpha}{\alpha-1}}$,由前文分析可知 $K<0$,公式(5-15)可以改写为

$$\frac{\partial C}{\partial \gamma}=\left[K\left(Ate^{(\rho+\gamma)t}+\frac{\beta b_2}{(\rho+\gamma)^2}d^{\beta-1}S^{\beta-1}\right)\right](LC)^{\tau}$$

由于 $Ate^{(\rho+\gamma)t}+\frac{\beta b_2}{(\rho+\gamma)^2}d^{\beta-1}S^{\beta-1}>0$,所以 $\frac{\partial C}{\partial \gamma}<0$,得到推论 4。

推论 4:海上溢油生态损害的经济补偿与海洋自净能力成反方向变动。

海洋的自净能力通常取决于海域的环境动力学及自身特点,如风力、洋流、日照、所处纬度、水温等,特定海域的自净能力通常维持在一个特定的范围内。因此,考虑海洋自净能力的提高或降低对固定海域的海上溢油生态损害经济补偿的影响是无意义的。

随着纬度的增加,海洋的自净能力会下降,因此,高纬度海域的溢油所导致的生态损害要比低纬度的严重,通常高纬度溢油污染生态损害的经济补偿额度要高。

由于每单位溢油的生态损害与溢油量以相同的形式进入补偿函数,所以可以得到推论 5。

推论 5:海上溢油生态损害经济补偿与每单位溢油的生态损害成正相关,每单位溢油的生态损害带来的边际经济补偿是递减的。

由于很难获得海洋生态系统的自净能力、修复率和每单位溢油的生态损害

数据，所以本书尝试在第 6 章中通过对实际发生的海上溢油生态损害经济补偿数据的分析来验证本书所得到的推论（主要集中于对推论 1、2 的论证），看理论与实际是否相符。本书期望通过理论推导和实践分析来观察在发生海上溢油事故之后，无论是相关的国际组织、政府或者个人应当采取何种措施更好地维护受到损害的生态系统，从而使生态系统能够更好地为人类提供服务。

5.6　本章小结

本章在对以往文献分析的基础上，结合第 4 章关于决定海上溢油生态损害经济补偿主要因素分析，从生态系统服务价值的角度建立了一个溢油生态损害经济补偿的理论模型，弥补了以往文献单纯依据实践建立补偿额与其影响因素之间关系而缺乏经济理论支撑的不足。本章的理论模型分析了溢油生态损害经济补偿的内在机理，提出了关于溢油生态损害经济补偿与溢油量、责任限额、修复率、海洋自净能力及单位溢油生态损害之间关系的五个推论，为溢油生态损害经济补偿提供了一个经济学意义上的理论基础。

由于受数据获得的限制，同时为了保证实证分析结果较高的可信度，本书主要集中于对推论 1 和推论 2 的验证，即通过对实际中发生的海上溢油生态损害经济补偿与责任限额、溢油量的实证分析来检验推论 1 和推论 2。

第 6 章 海上溢油生态损害经济补偿的实证分析

海上溢油生态损害经济补偿既是一个理论性问题，也是一个实践性很强的问题。理论上，研究者希望提出一个能够对海上溢油生态损害经济补偿内在机理进行合理解释的理论。实践中，研究者更期望为海上溢油生态损害经济补偿的评估提供一种快速的评估方法。本书在第 5 章提出了一个理论模型以用来为海上溢油生态损害经济补偿提供理论支撑，本章将在该理论的基础之上，用逐步回归分析方法构建建立在实践数据基础之上的评估海上溢油生态损害的经济补偿模型。本书期望通过理论模型和实证分析的相互验证：一方面，实证分析对理论模型进行检验；另一方面，理论模型为实证分析提供理论支撑。从而推进海上溢油生态损害经济补偿问题研究在理论和实践方面的进展。

6.1 海上溢油生态损害经济补偿额的新估计：逐步回归分析

通常，在回归分析中，随着自变量的增加，模型的稳定性会下降。因此，在灰色关联度计算基础上，本书拟分析责任限额和溢油量两个因素对溢油生态损害经济补偿额的影响。首先，通过灰色关联度的计算，我们可以发现，无论是在 6 因素还是在 4 因素的分析中，责任限额和溢油量都是最重要的两个因素；其次，线性回归分析通常需要较大的样本量，在表 4-1 中仅有 24 个样本，而在 24 个样本中，有 9 个样本的溢油事故离海岸线距离数值为 0，一旦去掉这 9 个样本，仅剩15个样本，样本量过少；并且在大部分的海上溢油生态损害经济补偿案例中，报告并不明确告知事故发生的位置。因此，本书不选择溢油事故位置作为回归分析的自变量。最后，从各因素的定性描述中也可以看出，影响海上溢油生态损害经济补偿的各因素之间并不存在明显的相关性，因此，灰色关联度的计算可以作为影响补偿额关键因素选取的标准①。

6.1.1　关于逐步回归分析的说明

首先，回归分析过程的说明。如前所述，在传统的成本收益分析中，定量研究补偿额与其影响因素关系的文献仅有10多篇，因此，这方面的研究还处于起步阶段。而这十多篇文献至少存在以下两方面的问题：一是部分文献仅集中于分析补偿额中的部分支付（如清污成本）与溢油量之间的数量关系，并主观假定两者之间存在对数线性关系，对是否会遗漏重要变量、是否存在伪回归等问题并没有进行严格检验（Friis-Hansen & Ditlevsen，2003；Yamada，2009；Kontovas et al.，2011；Psarros et al.，2011 等）；二是部分文献分析了补偿额中部分支付（如清污成本）或损害与其他众多影响因素之间的数量关系，但是，由于许多因素属于定性描述，如季节、事故原因、国内法律制度等，需要主观赋值，所以作者所给出的数量模型带有较多的主观成分（Shahriari & Frost，2008；Alló & Loureiro，2013）。因此，本书在分析补偿额、责任限额和溢油量三者之间的关系时，采用逐步回归法，分别建立补偿额与责任限额，补偿额与溢油量，补偿额与责任限额、溢油量三个回归方程，考察变量的增减对回归结果的影响。

其次，模型选择的说明。由于该方面的研究过少，所以变量间的关系并不明确。因此，在使用哪种模型回归方面分歧较大。在已有的仅研究溢油量和补偿额关系的文献中，作者通常假设溢油量和补偿额之间存在对数线性关系；而在多影响因素分析中，作者往往假设因变量与自变量存在线性关系，同时，由于IOPC Funds对单次溢油事故补偿额有最高限制，作者还使用Tobit模型对数据进行分析（Alló & Loureiro，2013）。但本书并不打算使用Tobit模型，原因

① 戴楠，灰色关联序在多元回归模型的自变量选择中之应用，《中国农村水利水电（农田水利与小水电）》，1996年第5期，第8页。

有二：其一，尽管 IOPC Funds 对单次溢油事故补偿额有最高限制，但从已经完成的溢油事故补偿案例中，几乎没有补偿额超过 IOPC Funds 最高限制的案例[①]；其二，Alló & Loureiro 的论文也表明，使用最小二乘法估计的线性回归模型与 Tobit 模型得到的结果没有实质性差异。因此，本书仅选择线性和对数回归模型。

本书拟分成两个部分：一是建立对数线性回归模型，对已有文献的结论进行检验；二是建立线性回归模型，检验三者是否存在线性关系。本书取补偿额作为被解释变量(因变量)，责任限额、溢油量为解释变量(自变量)，因变量与自变量之间的关系为下列方程：

$$\ln(VC) = a + \alpha_1 \ln(LC) + \alpha_2 \ln(OSP) + \mu_1 \tag{6-1}$$

或者

$$VC = b + \beta_1 LC + \beta_2 OSP + \mu_2 \tag{6-2}$$

其中，VC 为补偿额，LC 为责任限额，OSP 为溢油量，a、b 为常数项，α_1、α_2、β_1、β_2分别为补偿额对责任限额和溢油量的弹性系数，μ_1、μ_2为误差项。数据为附表三中补偿额、责任限额和溢油量数值，将补偿额和责任限额按照附表二中的美元价格指数计算，换算为以 2010 年不变美元价格计算的数值。

6.1.2 实证分析与结论：新估值模型

附表三的数据表明，无论是补偿额还是责任限额和溢油量数据都不是严格规范的时间序列数据或者横截数据，因此，为了提高计量结果的可信度，需要对数据及计量结果进行必要的检验。

1. 数据平稳性。

在涉及时间序列数据时，数据的平稳性对回归方程非常重要。如果数据是非平稳的，直接对数据进行回归分析会导致“伪回归”问题，为了避免此问题，本

---

① 根据各公约规定，IOPC Funds 对单次溢油事故补偿额的最高限制情况如下：最高补偿额为 60 亿特别提款权(SDR)(《1971 基金公约》)，2002 年 5 月 24 日，《1971 基金公约》废止；2003 年 11 月 1 日之前，最高补偿额为 1.35 亿元 SDR(《1992 基金公约》)；2003 年 11 月 1 日至今，最高补偿额为 2.03 亿 SDR(《1992 基金公约》)，2005 年至今，最高补偿额增加为 7.5 亿 SDR(《2003 补充基金条款》)。

书首先使用 eview 6.0 对数据的平稳性进行检验，检验结果如表 6-1。

表 6-1　因变量与自变量平稳性检验（ADF 单位根检验）

检验统计量	检验类型	检验结果	临界值（显著性水平）	概率 p	结 论
log(*VC*)	(*C*, 0, 0)	−8.875 965	−4.075 340(1%)	0.000 0	平稳
log(*LC*)	(*C*, 0, 0)	−8.212 536	−4.075 340(1%)	0.000 0	平稳
log(*OSP*)	(*C*, 0, 0)	−8.684 334	−4.075 340(1%)	0.000 0	平稳
VC	(*C*, 0, 0)	−8.809 255	−4.075 340(1%)	0.000 0	平稳
LC	(*C*, 0, 0)	−4.955 572	−4.075 340(1%)	0.000 6	平稳
OSP	(*C*, 0, 0)	−8.373 620	−4.075 340(1%)	0.000 0	平稳

注：检验为含有常数项和趋势项的水平检验。

表 6-1 表明，对数据无论是否取对数，数据都在 1%的显著性水平上拒绝原假设（H_0：数据存在单位根），数据是平稳的，因此，数据都是 0 阶单整的。

2. 格兰杰因果关系检验。

尽管数据是平稳的，但需要进一步检验自变量与因变量之间是否存在因果关系。格兰杰（Granger）因果关系检验结果如表 6-2。

表 6-2　格兰杰因果关系检验

原　假　设	*F* 统计量	概　率	结　论
Log(*LC*)不是 log(*VC*)的格兰杰原因	1.148 30	0.322 7	拒绝原假设
Log(*VC*)不是 log(*LC*)的格兰杰原因	0.658 95	0.520 5	接受原假设
Log(*OSP*)不是 log(*VC*)的格兰杰原因	0.065 35	0.936 8	接受原假设
Log(*VC*)不是 log(*OSP*)的格兰杰原因	1.5446 7	0.220 1	拒绝原假设
LC 不是 *VC* 的格兰杰原因	0.881 01	0.418 6	拒绝原假设
VC 不是 *LC* 的格兰杰原因	0.089 21	0.914 8	接受原假设
OSP 不是 *VC* 的格兰杰原因	10.601 6	0.000 09	拒绝原假设
VC 不是 *OSP* 的格兰杰原因	0.060 87	0.941 0	接受原假设

注：滞后期为 2。

表 6-2 表明，在没有取对数的情况下，拒绝“责任限额不是补偿额的格兰杰原因”犯第一类错误的概率为 0.418 6，小于 0.5，但如果拒绝“补偿额不是责任限额的格兰杰原因”犯第一类错误的概率则为 0.914 8，远远大于 0.5，因此，可

以拒绝原假设,而认为责任限额是补偿额的格兰杰原因。同样,溢油量也是补偿额的格兰杰原因。因此,在线性回归分析中,因变量和自变量之间存在因果关系。在取对数之后,责任限额的对数可以勉强称为补偿额对数的格兰杰原因,但溢油量的对数却不是补偿额对数的格兰杰的原因。

3. 协整检验。

在寻找变量间关系时,研究者通常使用协整方程来确定变量之间的长期关系,并通过各检验指标来判断所得到模型的可信度,如 R^2、F 统计量、t 统计量、杜宾-沃森检验(DW 检验)等。如 Kontovas et al. (2011)提到的美国早期开展的基于美国溢油责任信托基金(Oil Spill Liabilty Trust Fund,简称 OSLTF)数据关于清污成本与溢油量关系的回归分析,其 R^2 最大仅为 0.240 5,作者据此便认为其回归方程的拟合度低[①],并致力于新模型的构建,以便为实际提供更具有说服力的模型。在诸多检验指标中,R^2、F 统计量、杜宾-沃森检验(DW 检验)通常被用来作为判断各协整方程可信度高低的指标。本书通过逐步回归法所得到的因变量与自变量间的协整方程及各检验指标结果如表 6-3 所示。

表 6-3　协整方程及各检验量

关系	协整方程	R 方	调整后 R 方	F 统计量(p 值)	DW 统计量
对数关系	方程一: $\ln(VC) = 7.851\,9 + 0.333\,3 * \ln(LC) + 0.397\,2 * \ln(OSP)$	0.6748 23	0.666 590	81.972 19(0.000 0)	2.337 169
	方程二: $\ln(VC) = 7.104\,3 + 0.552\,0 * \ln(LC)$	0.539 115	0.533 354	93.579 03(0.000 0)	2.147 025
	方程三: $ln(\text{VC}) = 11.164\,9 + 0.629\,7 * \ln(OSP)$	0.553 692	0.548 113	99.248 51(0.000 0)	2.104 251
线性关系	方程四: $VC = 1\,643\,655.834\,9 + 0.573\,9 * LC + 904.955\,4 * OSP$	0.626 598	0.617 145	66.284 13(0.000 0)	2.1012 59
	方程五: $VC = 5\,569\,529.249\,1 + 0.590\,3 * LC$	0.442 858	0.435 894	63.589 92(0.000 0)	1.953 777
	方程六: $VC = 8\,349\,308.587\,6 + 963.873\,4 * OSP$	0.208 834	0.198 944	21.116 52(0.000 016)	2.077 558

注:方程中的数值保留到小数点后 4 位。

---

① Kontovas et al. Estimating the Consequence Costs of Oil Spills from Tankers, DRAFT VERSION - To be presented at SNAME 2011 Annual Meeting, 2011, p.4.

从表 6-3 可以看出，在对数关系中，方程一的拟合度要优于方程二和方程三，自相关的可能性要小于方程二和方程三。而在线性关系中，方程四基本上从各个方面都要优于方程五和方程六。因此，只要方程一与方程四真正存在协整关系，就可以使用这两个方程作为表示海上溢油生态损害经济补偿与责任限额、溢油量之间关系的方程。但方程之间是否真正存在协整关系，还需要进一步对其进行协整检验。如果通过协整检验，则说明方程之间存在协整关系，否则，方程之间则不存在协整关系。基于以上分析，本书首先对方程一和方程四进行协整检验，如果这两个方程无法通过协整检验，再分别对其他四个方程进行协整检验，以便确定因变量和自变量之间的协整关系。本书采用恩格尔-格兰杰检验（EG 两步法），通过对残差的平稳性进行检验来确定因变量与自变量之间是否存在协整关系。令$\hat{\mu}_1$、$\hat{\mu}_2$分别是方程一和方程四的残差，其平稳性检验如表 6-4。

表 6-4　残差项的平稳性检验（ADF 单位根检验）

检验统计量	检验类型	检验结果	临界值（显著性水平）	概率 p	结　论
$\hat{\mu}_1$	$(C, 0, 0)$	−10.617 47	−4.075 340(1%)	0.000 0	平　稳
$\hat{\mu}_2$	$(C, 0, 0)$	−10.617 49	−4.075 340(1%)	0.000 0	平　稳

注：检验为含有常数项和趋势项的水平检验。

表 6-4 表明，方程一和方程四的残差都是平稳的，即因变量（补偿额）和自变量（责任限额和溢油量）之间存在着协整关系。那么，使用方程一与方程四测算海上溢油生态损害经济补偿额的长期发展趋势是合理的。

4. 误差修正模型。

协整关系表明变量之间存在长期均衡关系，但作为一种趋势的长期均衡，无法反应短期波动。误差修正模型（ECM 模型）弥补了协整关系的不足，能够提高预测的精度。基于补偿额、责任限额和溢油量之间存在协整关系，为了提高预测精确度，本书分别对方程一和方程四进行误差修正，建立误差修正模型如下：

（1）方程一的误差修正模型。

$$\Delta\ln(VC_t) = -0.012\ 8 + 0.378\ 9 * \Delta\ln(LC_t) + 0.372\ 7 * \Delta\ln(OSP_t) - 1.189\ 1 * e_{t-1} \quad (6\text{-}3)$$

$$(-0.106\ 336) \qquad (7.363\ 179) \qquad (7.692\ 472) \qquad (-10.602\ 87)$$

$$R^2 = 0.815\ 664 \qquad F = 113.571\ 8 \qquad DW = 2.060\ 825$$

上式括号中的为 t 统计量，调整后的 $R^2 = 0.808\,482$。

（2）方程四的误差修正模型。

$$\Delta VC_t = -143\,804 + 0.621\,8 * \Delta LC_t + 822 * \Delta OSP_t - 1.318\,9 * e_{t-1} \quad (6\text{-}4)$$

$$(-0.070\,657) \quad (10.520\,14) \quad (8.073\,663) \quad (-9.462\,680)$$

$$R^2 = 0.829\,740 \quad F = 125.082\,7 \quad DW = 1.663\,564$$

上式括号中的为 t 统计量，调整后的 $R^2 = 0.823\,106$。

从协整关系的各检验量看，方程一要优于方程四，即在长期中，对数线性关系更能刻画补偿额、责任限额和溢油量之间的关系；但在误差修正模型中，方程四的误差修正模型的大部分检验指标都优于方程一的误差修正模型，即短期中，方程四的误差修正模型能够更好地拟合补偿额、责任限额和溢油量之间的关系。故很难区分哪一个模型更加适用于预测海上溢油生态损害经济补偿。因此，需要分别对两个模型进行检测和甄别，以甄选出最优的海上溢油生态损害经济补偿、责任限额和溢油量之间的回归方程。

6.2 新估值模型的测试与甄选

使用逐步回归分析分析变量之间关系通常会得到多个回归方程，这些回归方程并不是每一个都是适用的。因此，本节需要在 6.1 节的基础上对上面通过逐步回归法得到方程一和方程四及其误差修正模型进行测试以便甄选出更加适合的模型。

6.2.1 对新估值模型偏离度的测试

寻找可信度较高的关于海上溢油生态损害经济补偿估计模型一直是国际社会努力的方向。尤其自 1990 年代以来，无论是国际组织（如 IMO、IOPC Funds 等）还是欧美等发达国家的与溢油污染、环境保护等有关的机构都在朝该方向努力（可以参考国际溢油会议（IOSC）、国际海事组织海洋环境保护委员会（MEPC）和美国造船与轮机工程师协会（SNAME）年会议题）。在这方面，美国无疑走在最前列，目前常见的一些分析方法多起源于美国。但是，由于美国并不是 IOPC Funds 的成员国，同时，由于其提出的一些模型不仅是一种纯理论的推导，而且也与 IOPC Funds 的相关公约冲突，所以其提出的许多模型的适用性受到较大的限制①。因此，进入 21 世纪之后，许多研究者开始着手建立基于 IOPC Funds 已处理的海上溢油事故案例之上的模型，并且部分模型被国际海事组织海洋环境保护委员会所接受并作为测试模型②。

协整方程表明了各变量之间的长期关系，误差修正模型则能够更好说明事件的短期波动。基于 6.1.2 节第 3、4 两部分的分析，从各个检验指标上来看，方程一和方程四及其误差修正模型对补偿额、责任限额和溢油量之间关系的拟合各有优劣。因此，为了进一步判别这两组模型的优劣，需要借助其他指标进行测试，本书拟使用不取绝对值的偏离度来进一步对模型进行测试。

偏离度通常是指实际数据与目标数据之差的绝对值占目标数据的比重，本书使用不取绝对值的偏离度来测试两组模型的优劣势，则公式可以表示为

$$r=\frac{VC-VC^{e}}{VC^{e}} \tag{6-5}$$

其中，r 表示偏离度，VC 是实际发生的海上溢油生态损害经济补偿，VC^{e} 表示运用模型计算的海上溢油生态损害经济补偿。使用不取绝对值的偏离度可以更加直观地观测使用模型计算的补偿额是低于还是高于实际的补偿额，更能够寻找其中的规律，即如果两组模型取绝对值之后的计算结果一样，但一组模型计算的结果全部低于实际补偿额，而另一组模型计算的结果既有高于实际补偿额的又有低于实际补偿的，那么，我们就可以判断前一组模型更具有规律性。

本书仍然使用 IOPC Funds 已经处理的 82 起中大型溢油事故来检测方程一和方程四及其误差修正模型的偏离度，计算结果见附表四。

---

① 无论按照《1969 年责任公约》还是《1992 年责任公约》条款，通过模型计算的理论补偿额并不被 IOPC Funds 所接受。如 2003 年 7 月 23 日发生在巴基斯坦卡拉奇港的 Tasman Spirit 号油轮溢油事故，美国专家通过模型计算后提供给巴基斯坦当局的建议是索赔 10 亿美元，但巴基斯坦向 IOPC Funds 提出后遭到拒绝。

② 参见 MEPC 60/17，http://www.martrans.org/documents/2009/sft/MEPC%2060—17.pdf。

6.2.2 新估值模型的甄选

以往的研究者大多仅从各个检验指标(如 R^2、F 统计量等)判断模型的优劣,只有 Shahriari & Frost(2008)通过将模型与实际已发生的溢油事故进行比较来判断其所得模型的优劣,但 Shahriari & Frost 是通过散点图进行分析的,其分析较粗糙。本节通过对上一节计算的模型偏离度的分析,可以更加清晰地判断各个模型的优劣。具体做法是,通过分析各模型的计算结果落在限定偏离度区间内的个数来判断模型对海上溢油生态损害经济补偿估计的精确度,分析结果如表 6-5。

表 6-5 各模型计算结果落在限定偏离度区域的个数

偏离度 r	方程一	方程四	模型(6-3)	模型(6-4)	溢油量 OSP(吨)
$-50\% \leqslant r \leqslant 50\%$	10(26)	4(26)	10(26)	7(26)	7⩽OSP<100
	9(26)	7(26)	9(26)	6(26)	100⩽OSP<700
	15(30)	15(30)	16(30)	17(30)	700⩽OSP
合　计	34(82)	26(82)	35(82)	30(82)	⩾7
$-100\% \leqslant r \leqslant 100\%$	18(26)	23(26)	20(26)	22(26)	7⩽OSP<100
	19(26)	18(26)	21(26)	18(26)	100⩽OSP<700
	23(30)	29(30)	23(30)	26(30)	700⩽OSP
合　计	60(82)	70(82)	64(82)	66(82)	⩾7

注:括号中的数字为样本数。

表 6-5 表明,相比于中型溢油事故,模型对大型溢油事故补偿额的估计要精确得多,当偏离度限定在[−50%, 50%]时,无论方程一还是方程四,其估计结果与实际补偿额相近的比例都超过 50%;一旦将偏离度放宽到[−100%, 100%],该比例便提高到 80%左右。相比于方程一,方程四对补偿额的估计更加接近实际情况,并且从附表四中的结果也可以看出,方程四的计算结果表现出更强的规律性,即落在偏离度为[−100%, 100%]区间的 70 个计算结果中,有 56 个结果为负数,而方程一的 60 个结果中,仅有 40 个结果为负数。鉴于 IOPC Funds 处理溢油事故的实践及各国处理该类事故的惯例,本书倾向于使用方程四及其误差修正模型作为衡量海上溢油生态损害经济补偿的模型,将方

程一及其误差修正模型作为备用模型，即

$$VC = 1\ 643\ 656 + 0.57 \times LC + 905 \times OSP \qquad (6-6)$$

$$\Delta VC_t = -143\ 804 + 0.62 \times \Delta LC_t + 822 \times \Delta OSP_t - 1.32 \times e_{t-1} \qquad (6-7)$$

在实践中，海上溢油生态损害经济补偿通常以整数形式出现，因此，为了计算方便，本书将常数保留为整数，当系数小于零时保留 2 位小数，系数大于零时保留整数。

6.3　新估值模型对理论的验证

由于海洋自净能力、修复率和单位溢油生态损害的数据较难获得，所以推论 3、4 和 5 有待实践发展和研究的深入进一步检验。正如本章对受害国人均 GDP 关联度计算结果的说明，可以部分的验证推论 3 和推论 4 的合理性。

对于推论 1，本书使用方程一和方程四对其进行验证。在上面的分析中，我们通过种种检验认为方程四可以作为测算海上溢油生态损害经济补偿的最优模型，方程一作为备选模型。首先对方程一和方程四求关于溢油量 OSP 一阶偏导数，得到：

$$\frac{\partial VC}{\partial OSP} = 0.397\ 2e^{7.851\ 9} LC^{0.333\ 3} OSP^{-0.608\ 2} \qquad (6-8)$$

$$\frac{\partial VC}{\partial OSP} = 905 \qquad (6-9)$$

式(6-8)和式(6-9)的结果很明显，都大于零，这说明无论在什么情况下，海上溢油生态损害的经济补偿额与溢油量成正比。如果对式(6-8)和式(6-9)求二次偏导数，则分别得到

$$\frac{\partial^2 VC}{\partial OSP^2} = 0.241\ 6e^{7.851\ 9} LC^{0.333\ 3} OSP^{-1.608\ 2} \qquad (6-10)$$

$$\frac{\partial^2 VC}{\partial OSP^2} = 0 \qquad (6-11)$$

式(6-10)的结果小于零,因此,从式(6-10)来看,边际海上溢油生态损害经济补偿是递减的。但从式(6-11)则可以推导出边际海上溢油生态损害的经济补偿不变,为905美元,即每增加1吨溢油量,海上溢油生态损害经济补偿增加905美元。

对于推论2,本书同样使用方程一和方程四对其进行验证。对方程一和方程四求关于责任限额LC的一阶偏导数,得到

$$\frac{\partial VC}{\partial LC}=0.333\ 3e^{7.851\ 9}LC^{-0.666\ 7}OSP^{0.397\ 2} \tag{6-12}$$

$$\frac{\partial VC}{\partial LC}=0.573\ 9 \tag{6-13}$$

式(6-12)和式(6-13)的结果很明显,都大于零,这说明无论在什么情况下,海上溢油生态损害经济补偿与责任限额成正比。如果对式(6-12)和式(6-13)求二次偏导数,则分别得到

$$\frac{\partial^2 VC}{\partial LC^2}=-0.222\ 2e^{7.851\ 9}LC^{-1.666\ 7}OSP^{0.397\ 2} \tag{6-14}$$

$$\frac{\partial^2 VC}{\partial LC^2}=0 \tag{6-15}$$

式(6-14)的结果小于零,因此,从式(6-14)来看,边际海上溢油生态损害经济补偿随责任限额递减。但从式(6-15)则可以推导出边际海上溢油生态损害经济补偿不变,为0.573 9美元,即每提高1美元责任限额,海上溢油生态损害经济补偿增加0.573 9美元。

综上所述,本书认为实证模型验证的结果尽管与推论1和推论2的后半部分结论有些出入,但总体上还是能够支持两个推论的。

推论3、4和5的验证只能依赖于实践的进一步发展和研究的深入,这也为本书研究成果的进一步拓展和完善提供了一个方向。

6.4 本章小结

本章运用逐步回归分析法得出了刻画海上溢油生态损害经济补偿与责任

限额、溢油量之间关系的六个协整方程，避免了已有文献直接使用对数线性回归忽略线性回归的缺陷，在通过检验指标判别的基础上又甄别出了两个协整方程并推导出其误差修正模型。最后，利用偏离度指标判别出了可以用来估计海上溢油生态损害经济补偿的最优模型。

本章利用实证分析所得的方程对本书第 5 章理论模型的推论 1 和推论 2 进行了检验，而由于数据可得性的问题，理论模型的其他推论只能有待实践和研究的深入进行进一步检验。

理论模型和实证方程的互相验证，一方面说明理论模型具有解释海上溢油生态损害经济补偿内在机理的普适性；另一方面也说明实证方程在估算海上溢油生态损害经济补偿时具有一定的参考价值。

第7章　结论及启示

海上溢油生态损害经济补偿问题既是一个理论问题，又是一个应用性研究问题，如本书第6章结论所陈述的，本研究的一个重要意义是可以运用本书推导出的方程来预测海上溢油生态损害经济补偿。因此，本章总结了本书的主要结论，其中之一就是使用本书的模型对现在IOPC Funds正在处理的海上溢油事故的补偿额进行预测。并在此基础上，本书为中国带来的几点启示。

7.1　本书的结论

海上溢油生态损害经济补偿的关键是补偿额的测算问题。正如前文所说，事故各方关于补偿额的分歧往往是导致溢油事故处理耗时长、争议大的根本原因。本书在以往研究的基础上，构建了一个海上溢油生态损害经济补偿的理论模型，并以此为基础对模型进行了实证分析。本书的主要结论有以下两点：

1. 海上溢油生态损害经济补偿与责任限额、溢油量成正相关关系，但边际海上溢油生态损害经济补偿随责任限额水平提高和溢油量增加而下降。从本书第4章的分析可以看出，责任限额和溢油量是影响海上溢油生态损害经济补偿的最主要的因素。忽略责任限额因素而仅仅建立海上溢油生态损害经济补偿与溢油量之间的实证模型，会降低实证模型的可信度。

当发生了海上溢油污染事故，责任限额会影响生态损害的经济补偿。实践中，责任限额往往与船东所在国的经济状况、船东所投保的保险公司、有没参加相关国际船东协会等有关，因此，当船东所在国经济状况较差且船东没有投保时，一旦发生溢油事故，受害国所能获得的经济补偿将会少之又少。这也是为何许多国家禁止某些国家油轮停靠本国港口的重要原因之一。

在具体的溢油污染事故中，影响生态损害经济补偿的另一个因素——溢油量通常是确定的，因此，溢油量对生态损害经济补偿的影响只在不同海上溢油事故中存在意义。

2. 只要确定了溢油事故中的责任限额和溢油量，就可以大体上评估出海上溢油生态损害的经济补偿水平。尽管目前出现的各种模型仍然存在这样那样的一些问题，但是这些模型至少可以为各国际组织或各国处理溢油污染事故提供以下两个方面的帮助。

首先，为综合安全评估（formal safety assessment，简称 FSA）提供一种值得借鉴的方法。综合安全评估作为一种系统方法，目的是在规则制定过程中运用风险、成本收益法来提高海洋安全[①]。国际海事组织海洋环境保护委员会（MEPC）也一直在努力寻找基于实践的溢油补偿模型，以便用来评估海洋生态系统受到的损害程度以及将受损的海洋生态系统恢复到受损之前状态所需要支付的成本。

其次，为各国的司法实践提供借鉴。在海上溢油污染事故的法律诉讼中，事故双方争议最大的问题就是补偿额问题。受害方往往会提出巨额索赔，而事故方则会千方百计压低补偿额。事故中的各方由于无法就补偿额取得一致，往往使溢油事故的处理变成了“马拉松式”的讨价还价过程，但是，受害方由于过于分散，集体行动困难，通常处于劣势位置，从而导致无法获得足额的补偿。有鉴于此，各国在处理海上溢油事故时为了保障本国受害者的利益，通常会要求事故方设立一个油污补偿基金，而油污补偿基金的额度往往成为各方协商的核心问题。溢油补偿模型可以为油污补偿基金的设立提供一种合理的估计。

目前，IOPC Funds 正在处理的海上溢油污染事故有 13 个，已经完成支付的有两个：Solar 1 油轮和 Volgoneft 139 油轮的溢油事故，这两个溢油事故已

---

① 综合安全评估（FSA）最早由英国提出，由 IMO 采用并推荐给其成员国。“综合安全评估是一种通过风险分析与费用受益评估，提高海上安全包括保障人命、健康、环境与财产的结构化、系统化的方法。它包括危险识别、风险分析、提出风险控制方案、费用受益评估与提出决策建议等 5 个步骤。”更详细的介绍可以参考《世界海运》2010 年第 5 期对综合安全评估的介绍文章《综合安全评估（FSA）》。

经被包含在前文的 82 个样本中[①]。发生在阿根廷的溢油事故关于溢油船只目前仍然存在争议,发生在印度的 MT Pavit 油轮溢油事故、日本的 Shoko Maru 油轮溢油事故、希腊的 Alfa 1 油轮溢油事故及尼日利亚的 Redfferm 供油驳船溢油事故目前一些关键信息并不清楚,如溢油量和船东责任限额等。发生在韩国的 Haekup Pacific 沥青船溢油事故溢油量仅 200 公升。因此,去除以上溢油事故,仅剩五起溢油事故。本书拟运用所得模型对这五起事故的最终补偿额进行预测,预测结果是否准确最终会得到验证。假设这五起溢油事故能够在 2015 年获得补偿,计算结果如表 7-1。一旦事故结束,可以将结束年份的实际补偿额在考虑实际年份汇率、消费物价指数与 2015 年的差异的基础上换算为 2010 年的美元,将两者进行对比,可以判断实际补偿额与模型计算预测的差异。

表 7-1　模型计算结果

	船　名	事故时间	溢油量（公吨）	受 害 国	责任限额（美元）	补偿额（美元）
1	Erika 油轮	1999.12.12	19 800	法国	180 971 861	122 716 617
2	Prestige 油轮	2002.11.13	63 200	西班牙、葡萄牙、法国	168 001 146	154 600 309
3	Hebei Spirit 油轮	2007.12.7	10 900	韩国	255 169 345	156 954 683
4	JS Amazing 油轮	2009.6.6	1 000	尼日利亚	258 174 859	149 708 326
5	Nesa R3 油轮	2013.6.19	250	阿曼	258 174 859	149 029 576

注：1. 责任限额和补偿额都是按照 2010 年美元计算后的数值。
2. 由于责任限额是以英镑(Erika 和 Prestige)、韩元(Hebei Spirit)和特别提款权(JS Amazing 和 Nesa R3)计算的数值,此处以 2015 年 11 月 30 日各币种对美元汇率换算,数据来自英格兰银行数据库;美国消费物价指数为 2015 年 11 月份数据,数据来自国际货币基金组织(IMF)国际金融统计数据库(International Financial Statistics〔IFS〕database)。

Prestige 油轮和 Hebei Spirit 油轮涉及美国和中国,由于中美两国不是 IOPC Funds 的成员,所以这两个油轮的补偿问题就变得相对复杂。尤其是 Prestige 油轮溢油事故,涉及西班牙、法国、葡萄牙三国,补偿问题更加复杂。从目前来看,这五起溢油事故已经完成的评估或者已经支付的补偿金额大致与

① IOPC Funds 在处理海上溢油事故时,有时,结案的时间和支付补偿额时间并不一致,如当 IOPC Funds 代船东垫付了补偿款时,IOPC Funds 要向船东收回代垫款项,船东支付完款项,溢油事故才最终结束。

表 7-1 计算结果一致。

表 7-2　5 起事故已经支付或者评估的补偿额①

	船　名	已赔付金额(美元)	年　份
1	Erika 油轮	131 794 440	2013
2	Prestige 油轮	767 406 918	2003
3	Hebei Spirit 油轮	146 944 562	2013
4	JS Amazing 油轮	178 627 497	2013
5	Nesa R3 油轮	全部索赔仍未提交	

注：1. 已赔付/评估金额为 2010 年美元价格。
2. JS Amazing 油轮已赔付/评估金额为尼日利亚法庭要求船东及其保险公司提交的保证金，但该保证金目前是否提交未知，尼日利亚奈拉对美元汇率来自尼日利亚央行。
3. Prestige 油轮金额为评估金额，由于法国对评估与 IOPC Funds 不一致，所以到目前为止，IOPC Funds 仅支付了大约 15%的评估金额。

综上所述，从目前五起污染事故的处理进程来看，模型对最终补偿额的预测应该与实际情况是比较接近的，因此，作者认为本书所得的实证方程可以作为快速评估海上溢油生态损害经济补偿的重要参考。

7.2　对中国的几点启示

从前面的分析可以看出，中国是世界上发生海上溢油事故最多的国家之一。随着溢油事故的多发，中国海洋的生态系统经常受到油污的损害。由于中国海洋管理及对海上溢油生态损害经济补偿研究的相对落后，所以经常出现海上溢油生态损害经济补偿不足问题②。

① 其一，在表 7-2 中，Erika 号油轮的有争议的索赔大部分都已经解决，本书认为其最终的补偿额与表 7-1 中的数据应该不会有太大的差额；但是，Hebei Spirit 油轮溢油事故中仍有较大一部分索赔仍然在争议之中。虽然 Hebei Spirit 油轮溢油事故最终的补偿金额目前较难估计，但本书认为其金额不会超过模型计算结果。其二，模型计算结果与已赔付之间产生差额的另一个原因是模型计算是假设的 2015 年完成补偿，所使用的汇率和美国消费物价指数都是 2015 年的，而表 7-2 中所用的汇率和物价指数都是赔付或者评估当年的。

② 在 1999 年之前，中国沿海发生的溢油事故的平均补偿额为 0.26 万元/吨。详细的介绍可以参考宋家慧、刘红"建立中国船舶油污赔偿机制的对策"一文，载《交通环保》，1999 年第 5 期，第 1—6 页。而 1999 年及之后的具体补偿数据无法获得。

2012 年 5 月 11 日，经国务院批准，财政部、交通运输部下发了《船舶油污损害赔偿基金征收使用管理办法》；2015 年 6 月 18 日，中国船舶油污损害赔偿基金管理委员会正式成立，这标志着中国海上溢油事故的管理进入了一个新的阶段。基金的成立有可能缓解中国海上溢油生态损害经济补偿不足的问题，但仍然无法满足现实的需要。通过以上的研究，本书认为国际上已经发生的海上溢油生态损害经济补偿可以为中国提供以下三点启示。

1. 加强对溢油生态损害及其经济补偿的研究。从前文文献的分析可以看出，无论在溢油生态损害还是其经济补偿方面的研究，我国都是非常薄弱的。自 1973 年 11 月 26 日“大庆 36”油轮在大连港发生 1 400 吨的溢油事故以来，关于溢油导致的生态损害的研究文献仅有十几篇，研究经济补偿的文献也极少，因此，中国应首先加强这两方面的研究。为此，中国可以采取以下两个方面的措施：(1) 给予一定的经济支持。海上溢油生态损害经济补偿研究是实践性非常强的应用型研究，需要进行大量的实地调查，单纯的理论推导和实验室模拟局限性较大；(2) 加强学科之间、理论与实践之间的合作。这两方面的研究涉及生态学、海洋学、环境科学、经济学等多学科的知识，单一学科领域往往无法完成相关课题的研究。同时，要改变理论与实践脱节的问题，加强理论与实践之间的合作。

2. 尽快加入《1992 年基金公约》和 IOPC Funds。中国是《1969 年责任公约》和《1992 年责任公约》的缔约国，但中国大陆仍然无法实施《1992 年基金公约》[①]。截至 2015 年 12 月 31 日，《1992 年责任公约》的成员国已经达到了 114 个。这说明，IOPC Funds 对海上溢油事故的处理基本上获得了国际社会的认可，并且，在所有石油贸易大国中，只有中国和美国不是 IOPC Funds 的成员国，而美国之所以没有加入是因为美国认为其处理海上溢油事故的能力及国内制度要优于 IOPC Funds。当然，从美国处理的几起溢油事故的经济补偿额来看，不仅事故方支付给受害方的金额确实远远高于 IOPC Funds 事故中的支付，如墨西哥溢油事故中，BP 公司支付的总金额接近 100 亿美元，而且美国形成了完整的处理海上溢油事故的应急体系，包括完整的法律、应急机构等。而

① 关于中国大陆为何没有加入《1992 年基金公约》没有权威说明，一种说法是，由于加入之后，中国要缴纳的会费太高，考虑到成本收益问题，中国没有加入。

中国在处理海上溢油事故方面并不比 IOPC Funds 具有优势，因此，中国应尽快加入《1992 年基金公约》和 IOPC Funds。这至少能够给中国带来三方面的好处。

(1) 当发生海上溢油事故时，能够提高补偿额度，尽可能地解决补偿不足问题。由于国内处理海上溢油生态损害经济补偿方面法律不完善，许多受害主体在通过诉讼进行索赔时往往面临无法可依的境地，导致索赔落空。如果中国加入《1992 年基金公约》，国内的受害者就可以依据国际公约进行索赔。

(2) 加强国际合作，学习国际上处理溢油事故的先进经验。尽管中国已经积累了较为丰富的处理海上溢油事故的经验，但是由于中国处理该类事故的历史较短，处理的溢油事故的数量也较少，所以与发达国家(地区)如欧盟相比，中国处理海上溢油事故的技术和手段显得比较落后，在处理溢油生态损害经济补偿时也与国际主流做法相违背，如中国在要求事故方进行补偿时主要采取罚款、扣留事故船只、扣押事故船只船长的方式，而不是要求事故方设立专门的溢油补偿基金的方式，这往往违背相关的国际公约，很容易受到国际社会指责。通过加入 IOPC Funds，中国可以加强与相关国家的交流和合作，提高处理海上溢油事故的水平。

(3) 使海上溢油生态损害经济补偿工作更加透明。中国采用罚款方式处理海上溢油事故虽然比较简便，但最大的问题是处理的过程不透明，结果有欠公平。如 2010 年 6 月发生在渤海湾的“康菲溢油事故”，尽管可以看到部分诉讼结果，但整个处理过程鲜见完整详细的记录，导致部分受害者索赔困难。而 IOPC Funds 处理海上溢油事故有固定的程序可循，并且其处理的进度每年都要进行公布。同时，引进第三方处理机构可以避免政府在处理溢油事故时既作为事故方又作为受害方的尴尬境地，比如，当国有企业油轮发生溢油事故时，一方面，国有企业属于国有资产；另一方面，海域也是国有资源。那么，政府在处理海上溢油生态损害经济补偿时就处于一种比较尴尬的境地，即无论哪方的损失归根结底都是政府的损失。

3. 建立统一的海洋应急管理体系。中国海洋管理的一大特点是条块分割严重，职能管理部门权限要么交叉重叠、要么都无权限。这种管理状况是无法适应海上溢油事故处理的要求的，原因如下：(1) 溢油污染损害往往会涉及不同省份，而不同省份之间互不具有管辖权，可能导致“以邻为壑”现象发生；(2) 由于不同部门对海上溢油事故都拥有部分处理权，如环保部、海洋局、农业部等，那么在进行海上溢油生态损害经济补偿时很难避免本位主义现象。因此，中国应该建立统一的海洋应急管理体系，即设立一个专门的海洋应急管理机构，赋予其管理全国海域所发生的海上事故的权力。

附表一　海上溢油事故补偿详情表(6 因素)

	船　名	事故时间	事故原因	船籍国	受害国	油品	事故地点	密　度	事故离海岸线距离(公里)	受污染的海岸线(公里)	溢油量(公吨)	受害国人均 GDP(当年美元)	责任限额(英镑)	补偿额(英镑)	补偿当年美元汇率	补偿年份
1	Global Asimi 油轮	1981.11.21	天气条件、搁浅、解体	英国	前苏联	重燃油	克莱佩达港(Klaipeda)	0.93	0	59.57	16 493	3 650	1 198 158	1 198 158	1.514 4	1983
2	Folgoet 成品油轮	1985.12.31	操作错误	法国	法国	重燃油	卢瓦河河口(Loire)	0.93	0	60	300	13 557.1	1 500 000	740 000	1.393 1	1986
3	Brady Maria 油轮	1986.1.3	碰撞	巴拿马	德国	重燃油	易北河河口(Elbe)	0.93	3.22	150	200	16 614.4	110 000	1 197 363	1.608	1987
4	Jan 油轮	1985.8.2	搁浅	德国	丹麦	重燃油	奥尔堡(Aalborg)	0.93	0	10	300	21 289.2	175 000	896 250	1.608	1987
5	Thuntank 5 油轮	1986.12.21	搁浅	瑞典	瑞典	重燃油	瑞典东海岸，近耶夫勒(Gavle)	0.93	0.1	150	200	25 300.4	344 700	2 562 406	1.578	1989
6	Amazzone 油轮	1988.1.30	天气条件、船体受损	意大利	法国	重燃油	布列塔尼西部 Finistère 海岸	0.93	110	500	2 000	23 937.1	1 700 000	2 116 404	1.6814	1992

（续表）

	船名	事故时间	事故原因	船籍国	受害国	油品	事故地点	密度	事故离海岸线距离（公里）	受污染的海岸线（公里）	溢油量（公吨）	受害国人均GDP（当年美元）	责任限额（英镑）	补偿额（英镑）	补偿当年美元汇率	补偿年份
7	Akari 沿岸油轮	1987.8.25	起火	巴拿马	阿联酋	重燃油	杰贝阿里（Jebel Ali）	0.93	0	30	1 000	26 864.2	110 700	240 046	1.681 4	1992
8	Rio Orinoco 沥青船	1990.10.16	搁浅	开曼群岛	加拿大	中分燃油	安蒂科斯蒂岛（Anticosti Island）	0.917	0	10	185	19 936.4	595 000	6 624 350	1.471 6	1993
9	Agip Abruzzo 油轮	1991.4.10	碰撞	意大利	意大利	伊朗轻原油	离来窝那港（leghorn）海岸2海里	0.855 4	3.22	130	2 000	19 280.9	8 600 000	7 600 000	1.522 6	1994
10	Sung IL N°1 沿岸油轮	1994.11.8	搁浅	韩国	韩国	重燃油	蔚山（Onsan）	0.93	0	4	18	10 275.3	17 800	50 400	1.522 6	1994
11	Taiko Maru 沿岸油轮	1993.5.31	碰撞	日本	日本	重燃油	福岛失崎（Shioyazaki）	0.93	5	70	520	38 814.9	187 200	7 565 299	1.522 6	1994
12	Seki 油轮	1994.3.30	碰撞	巴拿马	阿联酋（阿曼、伊朗）	伊朗轻原油	阿曼湾，富查伊拉（Fujairah）附近	0.855 4	14.49	30	16 000	29 813.4	12 000 000	15 240 000	1.554	1996
13	Honam Sapphire 油轮	1995.11.17	碰撞泊位	巴拿马	韩国	阿拉伯重原油	丽水（Yosu）	0.887 1	0	80	1 800	10 432.2	19 414 800	13 500 000	1	1999

(续表)

	船 名	事故时间	事故原因	船籍国	受害国	油品	事故地点	密 度	事故离海岸线距离(公里)	受污染的海岸线(公里)	溢油量(公吨)	受害国人均GDP(当年美元)	责任限额(英镑)	补偿额(英镑)	补偿当年美元汇率	补偿年份
14	Aegean Sea OBO船	1992.12.3	搁浅	希腊	西班牙	北海轻质原油	加利西亚省拉科鲁尼亚港(La Coruña)	0.834 8	0.1	300	73 500	17 019.5	5 452 304	40 270 848	1	2002
15	Evoikos油轮	1997.10.15	碰撞	塞浦路斯	新加坡	重燃油	新加坡海峡(Singapore Strait)	0.93	5	45	29 000	22 016.7	12 031 847	8 185 039	1	2002
16	Nakhodka油轮	1997.1.2	船体受损	俄罗斯	日本	中分燃油	离本州岛海岸线200 km	0.917	200	300	6 240	31 235.6	135 000 000	137 000 000	1.471 9	2002
17	Baltic Carrier油轮	2001.3.29	碰撞	马绍尔群岛	丹麦	重燃油	丹麦群岛东南16海里	0.93	29.63	50	2 500	40 458.8	11 200 000	10 086 000	1.595 8	2003
18	Natuna Sea油轮	2000.10.3	搁浅	印度	新加坡、马来西亚、印尼	尼罗河混合原油	Batu Berhandi岛	0.860 4	8	17	7 000	23 574	37 980 040	10 560 000	1	2003
19	Sea Empress油轮	1996.2.15	搁浅	利比里亚	英国	轻原油	米尔福德港(Milford Haven)	0.834 8	0	200	72 360	32 586.6	7 395 748	36 806 484	1.595 8	2003
20	Braer油轮	1993.1.5	搁浅	利比里亚	英国	古尔法克斯(Gullfaks)原油	萨姆堡头以西,设得兰群岛南端	0.856 2	18.52	30	84 000	48 319.9	4 883 840	51 938 938	1.985 7	2007
21	Katja油轮	1997.8.7	停泊错误	巴哈马	法国	重燃油	勒阿弗尔港口(Le Harve)	0.98	0	15	190	45 413.1	7 000 000	2 327 000	1.816 1	2008

（续表）

	船 名	事故时间	事故原因	船籍国	受害国	油品	事故地点	密 度	事故离海岸线距离（公里）	受污染的海岸线（公里）	溢油量（公吨）	受害国人均 GDP（当年美元）	责任限额（英镑）	补偿额（英镑）	补偿当年美元汇率	补偿年份
22	Pantoon 300 驳船	1998.1.7	沉没	圣文森特和格林纳丁斯	阿联酋	中分燃油	沙迦（Sharjah）哈穆利亚（Hamriyah）	0.917	11.11	40	8 000	45 720	1 200 000	1 200 000	1.816 1	2008
23	Shosei Maru 油轮	2006.11.28	碰撞	日本	日本	重燃油	濑户内海（Seto Inland Sea）	0.93	2	5	60	37 865.6	4 200 000	6 900 000	1.816 1	2008
24	Solar 1 油轮	2006.8.11	沉没	菲律宾	菲律宾	工业燃油	吉马拉斯海峡（Guimaras Strait）	0.98	18.52	125	2 100	2 788.4	30 800 000	23 244 394	1	2013

注：1. 1 英里＝1.61 公里，1 海里＝1.852 公里，表中数据为换算后数据。

2. 当溢油量出现多个数据或者区间数据时，选择最大数据或者上限数据；同样，在受污染的海岸线出现多个或者区间数据时，亦选择最大数据或者上限数据。

3. 当责任限额和赔偿额栏目中的货币为美元和英镑之外的其他货币（如韩元、日元、特别提款权、菲律宾比索、卢布）或者两者为非同一货币时，为计算的便捷，首先根据赔偿年份的汇率换算成美元，此时，赔偿年份美元汇率栏为 1。

4. 1997 年 4 月 3 日发生的 Osung N°3 油轮溢油事故的赔偿发生在 1998 年和 2001 年两年，最大赔偿额发生在 2001 年，故使用 2001 年美元汇率替代；Tino 油轮由于索赔支付年限较长，但最大金额发生在 1983—1985 年，且较明确的大额支付在 1984 年，故使用 1984 年美元汇率替代。

5. 无特别注明，所有货币兑美元汇率皆指年平均汇率；英镑兑美元汇率来自英格兰银行数据库、特别提款权（SDR）兑美元汇率来自国际货币基金组织数据库；2004 年韩元兑美元汇率来自菲律宾央行数据库。

6. 1981 年卢布兑美元汇率是原苏联的官方汇率，为 1981 年 1 月 1 日汇率，来自维基百科苏联卢布词条。

7. 苏联人均国内生产总值来自联合国统计署数据库。

8. 油品的密度是指温度在 20℃时的相对密度，各类油品的密度资料来自百度百科及广州石化原油采购单 http://www.docin.com/p－646236955.html。有部分油品无法获得相关信息，如关于废油、中分燃油、日本进口原油等，作者依据相关资料进行推测。

9. Visttebella 溢油事故由于 IOPC 不知道船东的责任限额，故依据规则支付了相关赔偿，在后面法律程序中，船东和保险公司归还了 IOPC 的赔款，故认为船东责任限额为理赔金额。

10. Patoon300 因无法找到船东，IOPCFund 不得不支付全部获得认可的索赔，因此将赔偿额作为船主责任限额。

11. 受害国人均 GDP 来源于世界银行数据库。

12. 当事故发生在港口时，本书将事故离海岸线距离设定为 0。

附表二　美元价格指数

时　间	1981	1982	1983	1984	1985	1986	1987	1988	1989	1990	1991	1992
价格指数	41.69	44.25	45.68	47.65	49.35	50.26	52.14	54.23	56.85	59.92	62.46	64.35
时　间	1993	1994	1995	1996	1997	1998	1999	2000	2001	2002	2003	2004
价格指数	66.25	67.98	69.88	71.93	73.61	74.76	76.39	78.97	81.2	82.49	84.36	86.62
时　间	2005	2006	2007	2008	2009	2010	2011	2012	2013	2014		
价格指数	89.56	92.45	95.09	98.74	98.39	100	103.16	105.29	106.83	108.57		

注：1. 美元价格指数以消费价格指数(CPI)表示，2010 年=100。

2. 数据来自国际货币基金组织(IMF)国际金融统计数据库(International Financial Statistics(IFS) database)。

附表三　海上溢油事故补偿详情表(4因素)

	船　名	事故时间	事故原因	船籍国	受害国	油品	事故地点	密度	溢油量(公吨)	受害国人均GDP(当年美元)	责任限额(英镑)	补偿额(英镑)	补偿当年美元汇率	补偿年份
1	Antonio Gramsci 油轮	1979.2.27	搁浅	苏联	苏联、瑞典、芬兰	原油	文茨皮尔斯(Ventspils)	0.865 9	5 500	3 393	3 602 347	19 145 130	1	1981
2	Furenas 油轮	1980.6.3	碰撞	瑞典	瑞典	重燃油4#	厄勒海峡(Oresund)	0.93	200	15 366.7	58 160	390 937	2.070 4	1981
3	Mebazuzaki Maru N°5 穿梭油轮	1979.12.8	沉没	日本	日本	重油	鮴崎(Mebaru)	0.93	10	10 212.4	2 018	26 334	2.070 4	1981
4	Miya Maru N°8 油轮	1979.3.22	碰撞	日本	日本	重油	备赞濑户(Bisan Seto)	0.93	540	10 212.4	90 000	424 393	2.070 4	1981
5	Showa Maru 油轮	1980.1.9	碰撞	日本	日本	重油	鸣门海峡(Naruto Strait)	0.93	100	10 212.4	19 387	265 460	2.070 4	1981
6	Hosei Maru 油轮	1980.8.21	碰撞	日本	日本	重油	宫城(Miyagi)	0.93	270	9 428.9	143 486	917 242	1	1982
7	Suma Maru N°11 油轮	1981.11.21	搁浅	日本	日本	重燃油	唐津(Karatsu)	0.93	10	9 428.9	19 464	36 377	1.771 2	1982
8	Unsei Maru 油轮	1980.1.9	碰撞	日本	日本	重燃油	阿久根(Akune)	0.93	140	9 428.9	7 900	18 400	1.771 2	1982

(续表)

	船　名	事故时间	事故原因	船籍国	受害国	油品	事故地点	密度	溢油量(公吨)	受害国人均GDP(当年美元)	责任限额(英镑)	补偿额(英镑)	补偿当年美元汇率	补偿年份
9	Fukutoko Maru N°8油轮	1982.4.3	碰撞	日本	日本	船用重油	长崎橘湾(Tachibana Bay)	0.93	85	10 214	54 282	1 018 756	1.514 4	1983
10	Global Asimi 油轮	1981.11.21	天气条件、搁浅、解体	英国	前苏联	重燃油	克莱佩达港(Klaipeda)	0.93	16 493	3 650	1 198 158	1 198 158	1.514 4	1983
11	Kifuku Maru N°35油轮	1982.12.1	沉没	日本	日本	重燃油	宫城县石卷市(Ishinomaki)	0.93	33	10 214	17 991	15 271	1	1983
12	Ondina 油轮	1982.3.3	操作错误	荷兰	德国	委内瑞拉原油	汉堡(Hamburg)	0.898 7	300	9 827	2 533 579	5 121 212	1.514 4	1983
13	Shiota Maru N°2油轮	1982.3.31	搁浅	日本	日本	重燃油	高岛(Takashima Island)	0.93	20	10 214	17 367	217 993	1.514 4	1983
14	Eiko Maru N°1 油轮	1983.8.13	天气条件、碰撞	日本	日本	重燃油	宫城(Miyagi-ken)	0.93	357	10 786.8	135 000	221 700	1.355 5	1984
15	Tanio 油轮	1980.3.7	船体受损	巴拿马	法国	重燃油6号	巴茨岛(Batz)北部	0.95	13 500	9 432.3	2 517 191	27 381 100	1	1984
16	Tsunehisa Maru N°8油轮	1984.8.26	沉没	日本	日本	重油	大阪(Osaka)	0.93	30	11 465.7	4 049	76 986	1	1985
17	Folgoet 成品油轮	1985.12.31	操作错误	法国	法国	重燃油	卢瓦河河口(Loire)	0.93	300	13 557.1	1 500 000	740 000	1.393 1	1986

（续表）

	船　名	事故时间	事故原因	船籍国	受害国	油品	事故地点	密度	溢油量（公吨）	受害国人均 GDP（当年美元）	责任限额（英镑）	补偿额（英镑）	补偿当年美元汇率	补偿年份
18	Koei Maru N°3 油轮	1983.12.22	碰撞	日本	日本	重油	名古屋(Nagoya)	0.93	49	16 882.3	18 366	178 317	1	1986
19	Koho Maru N°3 油轮	1984.11.5	搁浅	日本	日本	重油	广岛(Hiroshima)	0.93	20	16 882.3	31 996	590 674	1	1986
20	Sotka 油轮	1985.9.12	碰撞	芬兰	瑞典	重燃油	波罗的海奥兰海(Aland Sea)	0.93	300	17 727.5	1 000 000	164 000	1.393 1	1986
21	Brady Maria 油轮	1986.1.3	碰撞	巴拿马	德国	重燃油	易北河河口(Elbe)	0.93	200	16 614.4	110 000	1 197 363	1.608	1987
22	Jan 油轮	1985.8.2	搁浅	德国	丹麦	重燃油	奥尔堡(Aalborg)	0.93	300	21 289.2	175 000	896 250	1.608	1987
23	Jose Marti 油轮	1981.1.7	搁浅	前苏联	瑞典	重燃油	达拉然(Dalar)	0.93	1 000	21 485.3	2 200 000	1 800 000	1.608	1987
24	Hinode Maru N°1 沿岸油轮	1987.12.18	操作错误	日本	日本	重燃油	八恬滨(Yawatahama)	0.93	25	24 505.8	2 600	10 600	1.578	1989
25	Kasuga Maru N°1 沿岸油轮	1988.12.10	天气条件、沉没	日本	日本	重燃油	京都府经岬(Kyoga Misaki)	0.93	1 100	24 505.8	73 400	1 963 334	1.578	1989
26	Oued Gueterini 油轮	1986.12.12	排泄	阿尔及利亚	阿尔及利亚	柏油	阿尔及尔(Algiers)	1.2	15	2 202.6	91 000	298 938	1.578	1989
27	Southern Eagle 油轮	1987.6.15	碰撞	巴拿马	日本	船用重油	四国岛西岸佐田岬(Sada Misaki)	0.95	15	24 505.8	405 070	374 830	1.578	1989
28	Thuntank 5 油轮	1986.12.21	搁浅	瑞典	瑞典	重燃油	瑞典东海岸，近耶夫勒(Gavle)	0.93	200	25 300.4	344 700	2 562 406	1.578	1989

(续表)

	船　名	事故时间	事故原因	船籍国	受害国	油品	事故地点	密度	溢油量(公吨)	受害国人均 GDP(当年美元)	责任限额(英镑)	补偿额(英镑)	补偿当年美元汇率	补偿年份
29	Antonio Gramsci 油轮	1987.2.6	搁浅	苏联	芬兰	原油	波加(Borga)	0.865 9	700	28 380.5	2 300 000	1 842 620	1.693 9	1990
30	Koshun Maru N°1 油轮	1985.3.5	碰撞	日本	日本	重燃油	东京湾(Tokyo Bay)	0.93	80	25 123.6	13 109	163 970	1	1990
31	Kazuei Maru N°10 油轮	1990.4.10	碰撞	日本	日本	重燃油	大阪(Osaka)	0.93	30	28 540.8	13 470	225 000	1.692 9	1991
32	Portfield 油轮	1990.11.5	沉没	英国	英国	中分燃油	Pembroke	0.917	110	19 900.7	39 970	328 658	1.692 9	1991
33	Amazzone　油轮	1988.1.30	天气条件、船体受损	意大利	法国	重燃油	布列塔尼西部 Finistère 海岸	0.93	2 000	23 937.1	1 700 000	2 116 404	1.681 4	1992
34	Akari 沿岸油轮	1987.8.25	起火	巴拿马	阿联酋	重燃油	杰贝阿里(Jebel Ali)	0.93	1 000	26 864.2	110 700	240 046	1.681 4	1992
35	Volgoneft 263 油轮	1990.5.14	碰撞	俄联邦	瑞典	废油	卡尔斯克鲁纳(Karlskrona)	0.98	800	32 338.5	297 000	1 770 373	1.681 4	1992
36	Kaiko Maru N°86 油轮	1991.4.12	碰撞	日本	日本	重燃油	爱知县野间崎(Nomazaki)	0.93	25	35 451.3	58 970	433 338	1.471 6	1993
37	Rio Orinoco 沥青船	1990.10.16	搁浅	开曼群岛	加拿大	中分燃油	安蒂科斯蒂岛(Anticosti Island)	0.917	185	19 936.4	595 000	6 624 350	1.471 6	1993
38	Agip Abruzzo 油轮	1991.4.10	碰撞	意大利	意大利	伊朗轻原油	离来窝那港(leghorn)海岸 2 海里	0.855 4	2 000	19 280.9	8 600 000	7 600 000	1.522 6	1994

（续表）

	船　名	事故时间	事故原因	船籍国	受害国	油品	事故地点	密度	溢油量（公吨）	受害国人均 GDP（当年美元）	责任限额（英镑）	补偿额（英镑）	补偿当年美元汇率	补偿年份
39	Patmos 油轮	1985.3.21	碰撞、起火	希腊	意大利	基尔库克（Kirkuk）原油	墨西拿海峡（Messina）	0.870 1	700	19 280.9	5 200 000	4 500 000	1.522 6	1994
40	Ryoyo Maru 沿岸油轮	1993.7.23	碰撞	日本	日本	重汽油	伊豆半岛（Izu Peninsula）	0.75	500	38 814.9	181 680	240 750	1.522 6	1994
41	Sung IL N°1 沿岸油轮	1994.11.8	搁浅	韩国	韩国	重燃油	蔚山（Onsan）	0.93	18	10 275.3	17 800	50 400	1.522 6	1994
42	Taiko Maru 沿岸油轮	1993.5.31	碰撞	日本	日本	重燃油	福岛失崎（Shioyazaki）	0.93	520	38 814.9	187 200	7 565 299	1.522 6	1994
43	Vistabella 油轮	1991.3.7	船体受损	特立尼达和多巴哥	加勒比海	重燃油	尼维斯岛西南 15 英里	0.93	2 000	5 234.3	1 021 219	1 021 219	1.522 6	1994
44	Toyotaka Maru 油轮	1994.10.17	碰撞	日本	日本	原油	海南（Kainan）	0.870 1	560	42 522.1	605 800	5 700 000	1.564 6	1995
45	Seki 油轮	1994.3.30	碰撞	巴拿马	阿联酋（阿曼、伊朗可能被影响）	伊朗轻原油	阿曼湾，富查伊拉（Fujairah）附近	0.855 4	16 000	29 813.4	12 000 000	15 240 000	1.554	1996
46	Senyo Maru 油轮	1995.9.3	碰撞	日本	日本	重燃油	宇部（Ube）	0.93	94	37 422.9	100 000	2 400 000	1.620 4	1996
47	Kihnu 油轮	1993.1.16	搁浅	爱沙尼亚	爱沙尼亚	重燃油	塔林（Tallinn）	0.93	140	3 614.9	94 700	65 100	1.620 4	1997

(续表)

	船　名	事故时间	事故原因	船籍国	受害国	油品	事故地点	密度	溢油量(公吨)	受害国人均GDP(当年美元)	责任限额(英镑)	补偿额(英镑)	补偿当年美元汇率	补偿年份
48	Boyang N° 51 燃油驳船	1995.5.25	碰撞	韩国	韩国	柴油、重燃油	釜山(朝鲜海峡)	0.908 3	160	8 133.7	17 000	70 000	1.631 9	1998
49	Joeng Jin N°101 供油驳船	1997.4.1	装油溢出	韩国	韩国	重燃油	釜山(Busan)	0.93	124	8 133.7	123 000	198 000	1.631 9	1998
50	Diamond Grace 油轮	1997.7.2	搁浅	巴拿马	日本	原油	东京湾(Tokyo Bay)近横滨(Yokohama)	0.870 1	1 500	35 004.1	11 900 000	8 400 000	1.617 9	1999
51	Honam Sapphire 油轮	1995.11.17	碰撞(泊位)	巴拿马	韩国	阿拉伯重原油	丽水(Yosu)	0.887 1	1 800	10 432.2	19 414 800	13 500 000	1	1999
52	Kyungnam N°1 沿岸油轮	1997.11.7	搁浅	韩国	韩国	重燃油	蔚山(Ulsan)	0.93	20	11 947.6	24 000	139 000	1.521 9	2000
53	N°1 Yung Jung 穿梭驳船	1996.8.15	搁浅	韩国	韩国	中分燃油	釜山(Busan)		28	11 947.6	65 000	390 000	1.521 9	2000
54	Osung N°3 油轮	1997.4.3	搁浅	韩国	韩国	重燃油	釜山(Pusan)	0.93	300	11 255.9	87 000	8 917 000	1.425 5	2001
55	Aegean Sea OBO 轮	1992.12.3	搁浅	希腊	西班牙	北海轻质原油	加利西亚省拉科鲁尼亚港	0.834 8	73 500	17 019.5	5 452 304	40 270 848	1	2002
56	Evoikos 油轮	1997.10.15	碰撞	塞浦路斯	新加坡	重燃油	新加坡海峡(Singapore Strait)	0.93	29 000	22 016.7	12 031 847	8 185 039	1	2002
57	Nakhodka 油轮	1997.1.2	船体受损	俄罗斯	日本	中分燃油	离本州岛海岸线200km	0.917	6 240	31 235.6	135 000 000	1.37E+08	1.471 9	2002

(续表)

	船　名	事故时间	事故原因	船籍国	受害国	油品	事故地点	密度	溢油量(公吨)	受害国人均GDP(当年美元)	责任限额(英镑)	补偿额(英镑)	补偿当年美元汇率	补偿年份
58	Nissos Amorgos 油轮	1997.2.28	搁浅	希腊	委内瑞拉	巴查克罗原油	委内瑞拉湾	0.898 7	3 600	3 657.2	83 000 000	18 720 000	1	2002
59	Baltic Carrier 油轮	2001.3.29	碰撞	马绍尔群岛	丹麦	重燃油	丹麦群岛东南16海里	0.93	2 500	40 458.8	11 200 000	10 086 000	1.595 8	2003
60	Kriti Sea 油轮	1996.8.9	操作错误	希腊	希腊	阿拉伯轻原油	阿吉伊西奥多罗(Agioi Theodori)	0.855	30	21 676.4	4 600 000	2 400 000	1.595 8	2003
61	Natuna Sea 油轮	2000.10.3	搁浅	印度	新加坡、马来西亚、印尼	尼罗河混合(Nile Blend)原油	Batu Berhandi 岛	0.860 4	7 000	23 574	37 980 040	10 560 000	1	2003
62	Sea Empress 油轮	1996.2.15	搁浅	利比里亚	英国	轻原油	米尔福德港	0.834 8	72 360	32 586.6	7 395 748	36 806 484	1.595 8	2003
63	Sea Prince 油轮	1995.7.23	搁浅	塞浦路斯	韩国	阿拉伯原油	丽水	0.887 1	5 035	14 219.2	10 000 000	24 000 000	1.595 8	2003
64	Buyang 油轮	2003.4.22	搁浅	韩国	韩国	重燃油	巨济(Geoje)	0.93	40	15 921.9	2 400 000	672 000	1.783 4	2004
65	Duck Yang 油轮	2003.9.12	天气条件、沉没	韩国	韩国	重燃油	釜山(Busan)	0.93	300	15 921.9	2 400 000	1 522 000	1.783 4	2004
66	Hana 沿岸油轮	2003.5.13	碰撞	韩国	韩国	中分燃油	釜山(Busan)	0.917	34	15 921.9	2 400 000	646 000	1.783 4	2004

(续表)

	船　名	事故时间	事故原因	船籍国	受害国	油品	事故地点	密度	溢油量(公吨)	受害国人均 GDP(当年美元)	责任限额(英镑)	补偿额(英镑)	补偿当年美元汇率	补偿年份
67	Jeong Yang 油轮	2003.12.23	碰撞	韩国	韩国	重燃油	丽水(Yeosu)	0.93	700	15 921.9	3 600 000	2 040 000	1.783 4	2004
68	Keumdong N°5 供油驳船	1993.9.27	碰撞	韩国	韩国	重燃油	丽水(Yeosu)	0.93	1 280	15 921.9	69 675	22 292 500	1	2004
69	Kyung Won 供油驳船	2003.9.12	搁浅	韩国	韩国	重燃油	南海郡(Namhae)	0.93	100	15 921.9	2 400 000	1 705 000	1.783 4	2004
70	N°11 Hae Woon 油轮	2004.7.22	碰撞	韩国	韩国	重燃油	巨济(Geoje)	0.93	12	15 921.9	3 600 000	178 000	1.783 4	2004
71	Zeinab 走私船(油轮)	2001.4.14	失去稳定性、沉没	格鲁吉亚	阿联酋	燃油	离迪拜海岸 16 英里	0.93	400	37 179.7	2 400 000	880 000	1.783 4	2004
72	Yeo Myung 油轮	1995.8.3	碰撞	韩国	韩国	重燃油	丽水(Yosu)	0.93	40	18 657.5	18 658	890 000	1.807 1	2005
73	N°7 Kwang Min 油轮	2005.11.24	碰撞	韩国	韩国	重燃油	釜山(Busan)	0.93	37	20 917	3 500 000	1 172 860	1.849 2	2006
74	Braer 油轮	1993.1.5	搁浅	利比里亚	英国	古尔法克斯(Gullfaks)原油	萨姆堡头以西,设得兰群岛南端	0.856 2	84 000	48 319.9	4 883 840	51 938 938	1.985 7	2007
75	Al Jaziah 1 油轮	2000.1.24	沉没	洪都拉斯	阿联酋	燃油	阿布扎比(Abu Dhabi)东海岸 5 英里	0.93	200	45 720	4 620 000	1 589 814	1	2008
76	Katja 油轮	1997.8.7	停泊错误	巴哈马	法国	重燃油	勒阿弗尔港口	0.98	190	45 413.1	7 000 000	2 327 000	1.816 1	2008

（续表）

	船　名	事故时间	事故原因	船籍国	受害国	油品	事故地点	密度	溢油量（公吨）	受害国人均 GDP（当年美元）	责任限额（英镑）	补偿额（英镑）	补偿当年美元汇率	补偿年份
77	Pantoon 300 驳船	1998.1.7	沉没	圣文森特和格林纳丁斯	阿联酋	中分燃油	沙迦（Sharjah）哈穆利亚（Hamriyah）	0.917	8 000	45 720	1 200 000	1 200 000	1.816 1	2008
78	Shosei Maru 油轮	2006.11.28	碰撞	日本	日本	重燃油	濑户内海（Seto Inland Sea）	0.93	60	37 865.6	4 200 000	6 900 000	1.816 1	2008
79	Slops 废油回收船	2000.6.15	爆炸、起火	希腊	希腊	废油	比雷埃夫斯（Piraeus）	0.98	2 500	31 700.5	12 628 000	5 811 520	1	2008
80	King Darwin 油轮	2008.9.27	排泄	加拿大	加拿大	重燃油	Dalhousie 港	0.93	64	52 305.3	42 909 497	1 332 488	1	2013
81	Solar 1 油轮	2006.8.11	沉没	菲律宾	菲律宾	工业燃油	吉马拉斯海峡（Guimaras Strait）	0.98	2 100	2 788.4	30 800 000	23 244 394	1	2013
82	Volgoneft139 油轮	2007.11.11	船体受损	俄联邦	俄乌	燃油	刻赤海峡（Strait of Kerch）	0.93	2 000	12 735.9	203 820 443	13 269 352	1	2 014

注：所有注释如附表一。

附表四　各模型计算的偏离度结果

	船名/船型	船舶总吨位	溢油量（公吨）	事故时间	受害国	偏离度 a	偏离度 b	偏离度 c	偏离度 d	补偿年份
1	Antonio Gramsci 油轮	27 706	5 500	1979.2.27	苏联、瑞典、芬兰			1.833 2	2.965 7	1981
2	Furenas 油轮	2 100/D	200	1980.6.3	瑞典	0.650 2	−1.212 6	0.386 8	−0.024 6	1981
3	Mebazuzaki Maru N°5 穿梭油轮	19.73	10	1979.12.8	日本	−0.170 1	−0.914 6	−0.058 8	−0.921 1	1981
4	Miya Maru N°8 油轮	997	540	1979.3.22	日本	0.168 1	−0.222 3	−0.122 7	−0.117 7	1981
5	Showa Maru 油轮	199.96	100	1980.1.9	日本	0.171 6	−0.248 2	0.788 5	−0.263 3	1981
6	Hosei Maru 油轮	983.05	270	1980.8.21	日本	0.808 9	−0.002 0	0.264 5	−0.000 6	1982
7	Suma Maru N°11 油轮	199.41	10	1981.11.21	日本	−0.148 5	−0.906 8	−0.471 0	−0.914 2	1982
8	Unsei Maru 油轮	99	140	1980.1.9	日本	−0.886 3	−0.965 4	−0.873 3	−0.958 8	1982
9	Fukutoko Maru N°8 油轮	499	85	1982.4.3	日本	0.054 6	0.507 7	2.967 8	0.851 8	1983
10	Global Asimi 油轮	19 445D	16 493	1981.11.21	苏联	−0.189 9	−0.766 6	−0.794 7	−0.789 3	1983
11	Kifuku Maru N°35 油轮	107	33	1982.12.1	日本	−0.924 4	−0.995 5	−0.905 1	−0.980 3	1983
12	Ondina 油轮	31 030	300	1982.3.3	德国	0.222 2	1.267 7	2.357 4	1.520 7	1983
13	Shiota Maru N°2 油轮	161	20	1982.3.31	日本	0.640 2	−1.339 1	1.205 3	−0.573 6	1983
14	Eiko Maru N°1 油轮	999	357	1983.8.13	日本	−0.194 4	−0.730 6	−0.674 5	−0.711 6	1984

（续表）

	船名/船型	船舶总吨位	溢油量（公吨）	事故时间	受害国	偏离度 a	偏离度 b	偏离度 c	偏离度 d	补偿年份
15	Tanio 油轮	18 048	13 500	1980.3.7	法国	0.091 1	2.508 1	1.923 9	2.401 7	1984
16	Tsunehisa Maru N°8 油轮	38	30	1984.8.26	日本	−0.124 6	−1.014 7	−0.224 2	−0.906 9	1985
17	Folgoet 成品油轮	14 545	300	1985.12.31	法国	0.517 2	−0.573 8	−0.487 3	−0.523 1	1986
18	Koei Maru N°3 油轮	82	49	1983.12.22	日本	−0.706 5	−0.830 6	−0.117 5	−0.792 4	1986
19	Koho Maru N°3 油轮	200	20	1984.11.5	日本	1.472 6	−0.409 8	2.468 2	−0.308 0	1986
20	Sotka 油轮	16 000	300	1985.9.12	瑞典	−0.106 2	−0.874 8	−0.869 9	−0.870 3	1986
21	Brady Maria 油轮	996	200	1986.1.3	德国	−0.635 3	0.350 7	1.499 9	0.828 7	1987
22	Jan 油轮	1 400	300	1985.8.2	丹麦	1.126 5	0.789 2	0.364 5	0.242 3	1987
23	Jose Marti 油轮	27 706	1 000	1981.1.7	瑞典	0.410 9	−0.126 2	−0.269 3	−0.138 3	1987
24	Hinode Maru N°1 沿岸油轮	19	25	1987.12.18	日本	−0.896 5	−0.981 0	−0.835 8	−0.982 4	1989
25	Kasuga Maru N°1 沿岸油轮	480	1 100	1988.12.10	日本	−0.299 4	0.782 6	1.221 7	0.977 4	1989
26	Oued Gueterini 油轮	1 576	15	1986.12.12	阿尔及利亚	2.888 9	−0.065 3	0.734 1	−0.539 6	1989
27	Southern Eagle 油轮	4 461	15	1987.6.15	日本	1.211 3	−0.585 3	0.321 8	−0.548 1	1989
28	Thuntank 5 油轮	2 866	200	1986.12.21	瑞典	0.760 4	1.730 4	2.408 2	1.996 3	1989
29	Antonio Gramsci 油轮	27 706	700	1987.2.6	芬兰	1.232 5	0.142 9	−0.198 8	−0.133 1	1990
30	Koshun Maru N°1 油轮	68	80	1985.3.5	日本	−0.726 9	−0.824 6	−0.335 3	−0.841 7	1990
31	Kazuei Maru N°10 油轮	121	30	1990.4.10	日本	0.415 1	−0.697 8	0.843 9	−0.639 5	1991
32	Portfield 油轮	481	110	1990.11.5	英国	0.601 7	−0.555 6	0.118 7	−0.506 6	1991

（续表）

	船名/船型	船舶总吨位	溢油量（公吨）	事故时间	受害国	偏离度 a	偏离度 b	偏离度 c	偏离度 d	补偿年份
33	Amazzone　油轮	18 325	2 000	1988.1.30	法国	0.190 9	−0.107 2	−0.363 5	−0.078 8	1992
34	Akari 沿岸油轮	1 345	1 000	1987.8.25	阿联酋	−0.807 7	−0.757 9	−0.763 7	−0.768 9	1992
35	Volgoneft 263 油轮	3 566	800	1990.5.14	瑞典	−0.351 0	0.370 7	0.370 4	0.644 4	1992
36	Kaiko Maru N°86 油轮	499	25	1991.4.12	日本	0.956 2	−0.081 7	1.043 9	−0.447 3	1993
37	Rio Orinoco 沥青船	5 999	185	1990.10.16	加拿大	5.022 2	4.417 8	5.530 3	4.726 5	1993
38	Agip Abruzzo 油轮	98 544	2 000	1991.4.10	意大利	3.266 5	0.527 0	0.201 5	0.173 3	1994
39	Patmos 油轮	51 627	700	1985.3.21	意大利	0.317 2	0.314 0	0.276 6	0.124 7	1994
40	Ryoyo Maru 沿岸油轮	699	500	1993.7.23	日本	−0.754 3	−0.574 3	−0.761 2	−0.768 5	1994
41	Sung IL N°1 沿岸油轮	150	18	1994.11.8	韩国	−0.771 3	−0.947 1	−0.594 0	−0.932 9	1994
42	Taiko Maru 沿岸油轮	699	520	1993.5.31	日本	1.146 7	5.301 3	6.313 5	6.195 6	1994
43	Vistabella 油轮	1 090	2 000	1991.3.7	加勒比海	0.877 4	−27.893 5	−0.671 6	−0.520 1	1994
44	Toyotaka Maru 油轮	2 960	560	1994.10.17	日本	0.201 9	2.503 0	2.616 6	3.357 4	1995
45	Seki 油轮	34 240	16 000	1994.3.30	阿联酋	1.398 8	0.194 8	−0.078 4	0.062 0	1996
46	Senyo Maru 油轮	895	94	1995.9.3	日本	0.952 6	3.911 3	4.662 6	1.909 9	1996
47	Kihnu 油轮	949	140	1993.1.16	爱沙尼亚	−0.281 7	−0.763 1	−0.868 5	−0.924 2	1997
48	Boyang N°51 燃油驳船	149	160	1995.5.25	韩国	−0.914 6	−0.931 0	−0.763 7	−0.915 6	1998
49	Joeng Jin N°101 供油驳船	896	124	1997.4.1	韩国	−0.637 8	−0.812 9	−0.617 5	−0.773 7	1998
50	Diamond Grace 油轮	147 012	1 500	1997.7.2	日本	0.237 3	−0.055 1	0.287 1	0.018 6	1999
51	Honam Sapphire 油轮	142 488	1 800	1995.11.17	韩国	0.251 9	0.011 8	0.185 9	−0.010 4	1999

（续表）

	船名/船型	船舶总吨位	溢油量（公吨）	事故时间	受害国	偏离度 a	偏离度 b	偏离度 c	偏离度 d	补偿年份
52	Kyungnam N°1 沿岸油轮	168	20	1997.11.7	韩国	−0.519 5	−0.406 6	−0.120 7	−0.841 3	2000
53	N°1 Yung Jung 穿梭驳船	560	28	1996.8.15	韩国	0.413 2	−0.634 1	0.548 6	−0.568 3	2000
54	Osung N°3 油轮	786	300	1997.4.3	韩国	3.556 2	6.268 8	10.770 3	6.816 2	2001
55	Aegean Sea OBO 轮	57 801	73 500	1992.12.3	西班牙	3.988 8	−0.208 3	0.176 0	−0.321 5	2002
56	Evoikos 油轮	80 823	29 000	1997.10.15	新加坡	−0.377 7	−0.791 3	−0.734 4	−0.726 3	2002
57	Nakhodka 油轮	13 159	6 240	1997.1.2	日本	1.571 2	0.472 0	3.731 2	0.679 7	2002
58	Nissos Amorgos 油轮	50 563	3 600	1997.2.28	委内瑞拉	0.808 3	−0.028 6	−0.269 0	−0.637 7	2002
59	Baltic Carrier 油轮	23 235	2 500	2001.3.29	丹麦	−0.297 5	−0.225 0	0.194 0	0.187 6	2003
60	Kriti Sea 油轮	62 678	30	1996.8.9	希腊	1.589 3	−0.105 7	1.214 4	−0.318 8	2003
61	Natuna Sea 油轮	51 095	7 000	2000.10.3	新加坡、马来西亚、印尼	−0.351 1	−0.646 4	−0.595 2	−0.629 8	2003
62	Sea Empress 油轮	77 356	72 360	1996.2.15	英国	−0.592 1	−0.068 5	0.314 5	−0.073 6	2003
63	Sea Prince 油轮	144 567	5 035	1995.7.23	韩国	1.792 8	0.858 6	1.234 2	1.661 8	2003
64	Buyang 油轮	187	40	2003.4.22	韩国	0.785 0	−1.275 3	−0.273 1	−0.693 6	2004
65	Duck Yang 油轮	149	300	2003.9.12	韩国	−0.463 0	−0.436 6	−0.260 5	−0.340 4	2004
66	Hana 沿岸油轮	196	34	2003.5.13	韩国	−0.089 7	−0.727 5	−0.254 6	−0.705 1	2004
67	Jeong Yang 油轮	4 061	700	2003.12.23	韩国	−0.531 8	−0.435 3	−0.381 5	−0.356 9	2004
68	Keumdong N°5 供油驳船	481	1 280	1993.9.27	韩国	0.370 1	7.505 0	12.466 1	8.036 0	2004

（续表）

	船名/船型	船舶总吨位	溢油量（公吨）	事故时间	受害国	偏离度 a	偏离度 b	偏离度 c	偏离度 d	补偿年份
69	Kyung Won 供油驳船	144	100	2003.9.12	韩国	15.480 1	−2.362 6	0.281 7	−0.231 9	2004
70	N°11 Hae Woon 油轮	110	12	2004.7.22	韩国	−0.274 2	−0.940 9	−0.728 7	−0.938 0	2004
71	Zeinab 走私船(油轮)		400	2001.4.14	阿联酋	−0.845 4	−0.711 8	−0.618 6	−0.625 8	2004
72	Yeo Myung 油轮	138	40	1995.8.3	韩国	−0.272 2	−0.221 1	3.794 1	0.055 4	2005
73	N°7 Kwang Min 油轮	161	37	2005.11.24	韩国	6.827 3	−0.598 4	0.131 9	−0.588 1	2006
74	Braer 油轮	44 989	84 000	1993.1.5	英国	−0.284 2	0.397 9	1.144 3	0.298 7	2007
75	Al Jaziah 1 油轮	681	200	2000.1.24	阿联酋	0.678 6	−0.469 0	−0.545 4	−0.643 0	2008
76	Katja 油轮	52 079	190	1997.8.7	法国	−0.278 9	−0.586 2	−0.119 9	−0.535 0	2008
77	Pantoon 300 驳船	4 233	8 000	1998.1.7	阿联酋	−0.857 8	−0.787 3	−0.815 1	−0.782 5	2008
78	Shosei Maru 油轮	153	60	2006.11.28	日本	1.335 4	0.345 6	3.890 5	1.069 9	2008
79	Slops 废油回收船	10 815	2 500	2000.6.15	希腊	0.049 7	−0.345 6	−0.564 2	−0.476 6	2008
80	King Darwin 油轮		64	2008.9.27	加拿大	−0.457 9	−0.955 0	−0.729 6	−0.949 6	2013
81	Solar 1 油轮	998	2 100	2006.8.11	菲律宾	−0.661 6	−0.181 1	0.316 9	0.083 0	2013
82	Volgoneft 139 油轮	3 463	2 000	2007.11.11	俄罗斯、乌克兰	−0.016 2	−0.896 2	−0.596 1	−0.890 1	2014

注：1. 船舶总吨位栏中的 D 为 DWT，表示总载重吨。
2. 偏离度 a 是模型 6-3 的结果，偏离度 b 是模型 6-4 的结果，偏离度 c 是方程一的结果，偏离度 d 是方程四的结果。

附表五　1960—2015 年发生的大中型海上溢油事故

序号	船名(种类)	时　间	地　　点	油　品	溢油量(公吨)	事故类型	船旗国	受害者	资料来源
1	23 Deagosto 油轮	1989.6.27	哈瓦那	汽油	2 000(总)	爆炸、起火	古巴	古巴	lloyd
2	Abbeydale 油轮	1995.11.20	巴拿马运河加通船闸(Gatun Lock)以北 1 英里	轻原油	4 000 加仑(ETC、CTX)	碰撞(撞运河河堤)		巴拿马	CTX
3	ABT Summer 油轮	1991.5.28	离安哥拉海岸 1 287 公里处	伊朗重原油	44 000—57 000	起火	黎巴嫩	安哥拉公海	Cedre
4	Aegean Sea 油轮	1992.12.3	加利西亚省拉科鲁尼亚港	轻质原油	73 500	搁浅	希腊	西班牙	IOPC
5	Afran Zodiac 油轮	1975.1.11	班特里湾	重燃油	500	碰撞	利比里亚	爱尔兰	Cedre
6	Agios Nicolaos 油轮	1989.7.6	埃莱夫西斯(Eluesis)	汽油	1 800(总)	爆炸、起火	希腊	希腊	lloyd
7	Agios Nikolaos 油轮	1996.5.28	拉瓦拉(Lavera)近马赛	煤油	1 400(总)	起火、爆炸	希腊	法国	lloyd
8	Agip Abruzzo 油轮	1991.4.10	离来窝那港(leghorn)海岸 2 海里	伊朗轻原油	2 000	碰撞	意大利	意大利	IOPC
9	Al Bacruz　油轮	1970.1.14	亚速尔群岛以东 300 海里	原油	20 400	天气条件	利比里亚	葡萄牙	Cedre
10	Al Dammam 油轮	1976.6.29	圣塞多罗伊(Agioi Theodoroi)	原油	11 000 桶(ETC)/ 15 714(Cedre)/ 16 000(ITOPF、CTX)	起火	沙特	希腊	CTX

（续表）

序号	船名(种类)	时　间	地　　点	油　品	溢油量(公吨)	事故类型	船旗国	受害者	资料来源
11	Al Jaziah 1 油轮	2000.1.24	阿布扎比(Abu Dhabi)东海岸7英里(lloyds)	燃油	100—200	沉没	洪都拉斯	阿联酋	IOPC
12	Al Rawdatain 油轮	1977.10.29	热那亚(Genoa)Multedo码头	科威特原油	7 350 桶(OSCH)/66 000(ETC)/8 500(CEDRE)/5 000—12 000(REMPEC)	操作失误		意大利	CTX
13	Al Samidou(O)n 油轮	2004.12.14	阿米尔湖北部，苏伊士运河，伊斯梅利亚附近	科威特重原油	8 600	碰撞	科威特	埃及	CTX
14	Alambra 油轮	2000.9.16	穆嘎(Muuga)	俄罗斯原油	300	船体受损	圣文森特和格林纳丁斯/马耳他	爱沙尼亚	Cedre
15	Albahaa B 油轮	1980.4.3	达累斯萨拉姆(Dar-es-Salaam)以东200英里	船用重油	4 000(估)(ETC、CTX)	爆炸、沉没	利比里亚	南非	CTX
16	Albarosa 油轮	1969.2.1	亚速尔群岛蓬塔德尔加达港附近	石油	7 000	搁浅		葡萄牙	Cedre
17	Alkis 油轮	1971.7.6	离特里斯坦-达库尼亚群岛(Tristan de cunha)650英里	原油	25 000	船体受损、沉没	利比里亚	英国	lloyd
18	Allegrity　油轮	1961.12.13	圣奥斯特尔附件的卡尔海斯海岸	石油	800	搁浅	英国	英格兰	Cedre
19	Alva Sea 油轮	1994.5.1	克里斯托港(Cristobal harbour)	燃油	1 800 桶	机械故障	巴拿马	巴拿马	CTX

（续表）

序号	船名(种类)	时　间	地　　点	油　品	溢油量(公吨)	事故类型	船旗国	受害者	资料来源
20	Amazon Venture 油轮	1994.10.16	圣塞多罗伊（Agioi Theodoroi）		15	碰撞(码头)		希腊	CTX
21	Amazzone 油轮	1988.1.30	布列塔尼西部 Finistère 海岸	原油、石蜡油	2 000	天气条件、船体受损	意大利	法国	IOPC
22	American Trader 油轮	1990.2.7	亨廷顿海滩(Huntington Beach)1.3 英里	重原油	9 458 桶(OSCH)	搁浅	美国	美国	CTX
23	Aminona 油轮	1978.5.26	伊塔基港(Itaqui)	汽油、柴油	146 600(OSIR、ETC)	搁浅	希腊	巴西	CTX
24	Amoco Cadiz 油轮	1978.3.16	布列塔尼海岸 Finistère 北部，波尔萨勒	原油	227 000	搁浅、船体受损	利比里亚	法国	Cedre
25	Amphialos 油轮	1964.3.1	离新斯科舍（Nova Scotia)230 英里	原油	约 30 000	船体受损	利比里亚	加拿大	lloyd 其他
26	Ampuria 油轮	1970.8.4	卡奇(Kutch)	炉油	3 500	搁浅	巴拿马	印度	CTX
27	Anastasia J.L.油轮	1970.10.7	亚速尔群岛(Azores)东北 360 海里	委内瑞拉原油	18 500	暴风雨、沉没	希腊	葡萄牙	Cedre
28	Andron 油轮	1968.5.8	吕德里茨(Luderitz)以北 80 英里	原油	17 000	机器故障、沉没	希腊	纳米比亚	CTX
29	Andros Patria 油轮	1978.12.31	加利西亚省拉科鲁尼亚港	伊朗重原油	60 000	碰撞、起火	希腊	西班牙	Cedre
30	Anett II 油轮	1990.5.7	蒙特哥(Montego)	汽油、柴油、燃油、煤油	14 000(总)	爆炸	挪威	牙买加	lloyd

（续表）

序号	船名(种类)	时 间	地 点	油 品	溢油量(公吨)	事故类型	船旗国	受害者	资料来源
31	An Fu 安福油轮	1996.2.28	福建湄洲湾	原油	632(sina)、29 000 加仑(ERC)	碰撞	中国	中国	CTX、新浪新闻
32	Anita Monti 油轮	1971.10.18	莫桑比克海峡(Mozambique Channel)	原油	200 000(怀疑)	起火		莫桑比克、马达加斯加	CTX
33	Anitra 油轮	1996.5.9	特拉华湾(Delaware Bay)，离开普梅(Cape May)10.5 英里	原油	40 000 加仑	操作失误	法国	美国	CTX
34	Anne Mildred Brovig 油轮	1966.2.20	黑尔戈兰岛(Heligoland)以西 35 英里	伊朗原油	16 000	碰撞	挪威	德国	lloyd
35	Antonio Gramsci 油轮	1979.2.27	*文茨皮尔斯(Ventspils)*	*原油*	5 500	搁浅	苏联	苏联、瑞典、芬兰	CTX、*abo.fi*、IOPC
36	Antonio Gramsci 油轮	1987.2.6	波加(Borga)	原油	600—700	搁浅	苏联	芬兰	IOPC
37	Aragon 油轮	1989.12.29	马德拉群岛海岸 33 海里	墨西哥原油	25 000	船体受损	西班牙	希腊	Cedre
38	Arco Anchorage 油轮	1985.12.21	安吉利斯港(Port Angeles Harbor)	阿拉斯加北坡原油	5 690 桶(OSCH、CTX)、643(ERC)	导航员失误、搁浅	美国	美国	CTX
39	Argo Merchant 油轮	1976.12.15	middle rip 浅滩，楠塔基特东南 35 英里	委内瑞拉 6 号重燃油	28 000	搁浅	利比里亚	美国	lloyd
40	Aries 油轮	1980.2.6	德赖托图格斯群岛(Dry Tortugas)以西 60 英里	6 号轻燃油、船用重油	23 382、700	起火	美国	墨西哥湾	lloyd
41	Akari 沿岸油轮	1987.8.25	杰贝阿里(Jebel Ali)	重燃油	1 000	起火	巴拿马	阿联酋	IOPC

（续表）

序号	船名(种类)	时　间	地　　点	油　品	溢油量(公吨)	事故类型	船旗国	受害者	资料来源
42	Arrow 油轮	1970.2.4	切达巴克托湾(Chedabucto)的 Cerberus Rock	船用重油	18 000	搁浅	利比里亚	加拿大	lloyd
43	Arsinoe 油轮	1965.8.30	中国南海，马尼拉西北偏西 200 英里	汽油	约 10 000(沉船网站)	解体、沉没	法国	南海	lloyd
44	Arteaga 油轮	2005.4.3	大连新港正东 4.2 公里	原油	20	碰撞(触礁)	葡萄牙	中国	中国环保部
45	Asean Priness 油轮	1994.8.9	美利(Myloi)	柴油	8 000(总)	爆炸、起火	新加坡	越南	lloyd
46	Assimi 油轮	1983.1.7	哈德角(Ras al Hadd)，离马斯喀特(Muscat) 58 英里	原油	52 500(总)	起火	希腊	阿曼	lloyd
47	Athenian Venture 油轮	1988.4.22	新斯科舍(Nova Scotia)东南 800 英里	无铅汽油	30 000	爆炸、起火、解体、沉没	塞浦路斯	加拿大	lloyd
48	Athina M *油轮*	2003.10.22	圣塞多罗伊(Agioi Theodoroi)	原油	20	操作失误	希腊	希腊	CTX、*shipspotting*
49	Athos I 油轮	2004.11.26	费城特拉华河	委内瑞拉原油	1 000	碰撞	塞浦路斯	美国	Cedre
50	Atlantic Empress 油轮	1979.7.19	加勒比海多巴哥岛 10 海里	原油	276 000	碰撞、起火、爆炸	希腊	加勒比	Cedre
51	Averity 油轮	2001.9.26	斯坦洛码头	低硫柴油	150	操作失误		英国	Cedre
52	Aviles 油轮	1979.6.28	克钦(Cochin)西北 280 英里	煤油	74 089 桶(ETC)	起火、爆炸、解体、沉没	利比里亚	阿拉伯海	CTX
53	Bahia paraiso 油轮	1989.1.28	南极洲亚瑟港	柴油	600 000 升	搁浅	阿根廷	南极洲	Cedre

(续表)

序号	船名(种类)	时　间	地　　点	油　品	溢油量(公吨)	事故类型	船旗国	受害者	资料来源
54	Baltic Carrier 油轮	2001.3.29	丹麦群岛东南16海里	重燃油	2 500	碰撞	马绍尔群岛	丹麦	IOPC
55	Bello 油轮	1972.12.16	北科西嘉岛(north Corsica),卡普拉亚(Capraia)西北8英里	阿尔及利亚原油	15 000(lloyd)/6 500(ITOPF)	起火、爆炸	意大利	意大利	CTX
56	Berge Banker 油轮	1995.2.5	加尔维斯顿(Galveston)驳运区(lightering area)	船用重油	890桶(LMIU)、850桶(NRC)、900桶(USCG)	碰撞		美国	CTX
57	Berge Broker 油轮	1990.11.17	新斯科舍(Nova Scotia)东南700英里	阿拉伯轻原油	13 480	天气条件	挪威	美国	其他
58	Betelgeuse 油轮	1979.1.8	班特里湾惠迪岛	阿拉伯混合轻原油	40 000	碰撞	法国	爱尔兰	Cedre
59	Boehlen 油轮	1976.10.15	布列塔尼盛岛海岸	委内瑞拉重原油	9 800(lloyd)/近7 000	船体受损	东德	法国	Cedre
60	Bona Fulmar 油轮	1997.1.18	敦刻尔克	汽油	7 000	碰撞	巴哈马	法国	Cedre
61	Boni 油轮	1988.12.26	斯里兰卡东南偏南550英里	原油、凝析油	65 000、87 000	起火	塞浦路斯	斯里兰卡	lloyd
62	Bonifaz 油轮	1964.7.3	加利西亚省菲尼斯特雷角以东9海里公海	船用重油	500	碰撞	西班牙	西班牙	Cedre
63	Borag 油轮	1977.2.7	基隆道(Keelung Tao)和野柳 Yeh-Liu之间	燃油	33 068	搁浅、沉没	科威特	中国台湾	lloyd
64	Boyang N°51 燃油驳船	1995.5.25	釜山(朝鲜海峡)	柴油、重燃油	160	碰撞	韩国	韩国	IOPC

（续表）

序号	船名(种类)	时　间	地　　点	油　品	溢油量(公吨)	事故类型	船旗国	受害者	资料来源
65	Braer 油轮	1993.1.5	萨姆堡头以西,设得兰群岛南端	原油	84 000	搁浅	利比里亚	英国	IOPC
66	Brady Maria 油轮	1986.1.3	易北河河口	重燃油	200	碰撞	巴拿马	德国	IOPC
67	Brazilian Marina 油轮	1978.1.9	圣塞巴斯蒂昂海峡(Sao Sebastiao Channel)	科威特原油	73 600 桶(OSCH、CTX)、259 532 桶(ETC)、3M 加仑(EPA)、12 449(ERC)	搁浅	利比里亚	巴西	CTX
68	Bright Artemis 油轮	2006.8.14	波斯湾亚瑟港以西 290 公里	轻质原油	4 500、4 200(CARGOLAW)	碰撞	新加坡	波斯湾	CTX
69	Briolette 油轮	1992.9.20	南海	原油	57 000(总)	起火	利比里亚	中国	lloyd
70	British Ambassador 油轮	1975.1.10	硫磺岛(Iwojima)以西 180 英里	原油	44 000(总)	沉没	英国	日本	lloyd
71	British Trent 油轮	1993.6.3	比利时海岸	无铅汽油	5 100	碰撞、着火	百慕大	北海	Cedre
72	Brotas *油轮*	2002.5.13	安格拉-杜斯雷斯(Angra dos Reis)	尼日利亚原油	16 000 升	装卸	巴西	巴西	CTX、*shipspotting*
73	BT Nautilus 油轮	1990.6.7	奇尔文科(Kill Van Kull)	燃油	230 000(LMIU)、7 000 桶(NTSB)	搁浅	英国	美国	CTX
74	Bunga Kelana 3 油轮	2010.5.23	新加坡海峡(Singapore Strait)	轻原油	2 000、5 000	碰撞	马来西亚	新加坡	CTX
75	Bunga Kesuma 油轮	1996.3.8	民都鲁(Bintulu)	原油	5 700 桶(ETC)	油管爆裂	马来西亚	马来西亚	CTX
76	Burmah Agate 油轮	1979.11.1	离加尔维斯顿(Galveston)湾入口 4 英里	尼日利亚轻原油、混合油	41 000	碰撞、起火	利比里亚	美国	lloyd

（续表）

序号	船名(种类)	时　间	地　　点	油　品	溢油量(公吨)	事故类型	船旗国	受害者	资料来源
77	Buyang 油轮	2003.4.22	巨济(Geoje)	重燃油	35—40	搁浅	韩国	韩国	IOPC
78	Cabo Pilar OO 船	1987.10.8	麦哲伦(Magellan)海峡,蓬塔戴维斯(Punta Davis)	原油	40 900 桶(USCG)、34 571 桶(ETC)、2 058 000 加仑(ERC)	搁浅		智利	CTX
79	Cabo Tamar 油轮	1978.7.7	圣维森特湾(san vicente)	原油	7 000	搁浅	智利	智利	lloyd
80	Campo Duran 成品油轮	1997.1.16	多克苏德(Dock Sud)	燃油	150	阀门忘记关	阿根廷	阿根廷	CTX
81	Caribean Sea 油轮	1977.5.27	萨尔瓦多以南	委内瑞拉原油	*181 672 桶(ETC、CTX)*	沉没	巴拿马	萨尔瓦多	lloyd、*CTX*
82	Carlantic 油船	1973.7.11	安哥拉海岸	原油	70 000(总)	爆炸、起火	利比里亚	安哥拉	lloyd
83	Carlova 油轮	1993.2.21	西迪克利尔(Sidi Kerir)	原油	85 000(总)	发动机损坏	巴哈马	埃及	lloyd
84	Castillo de Bellver 油轮	1983.8.6	桌湾 64 公里/开普敦(Cape Town)西北 68 英里	轻原油	150 000—160 000、252 000(ITOPF、CTX)、250 000(lloyd)	爆炸、起火	西班牙	南非	CTX
85	Cavo Cambanos 油轮	1981.3.29	塔拉戈纳(Tarragona Roads)	石脑油、白色产品	18 000(REMPEC、CTX)、23 283(Cedre)、148 976 桶(ETC)	爆炸、起火	希腊	西班牙	CTX
86	Cercal 油轮	1994.10.2	波尔图港	阿拉伯轻原油	2 500	碰撞	巴拿马	葡萄牙	Cedre
87	Chenki/Chinki 油轮	1990.6.29	苏伊士运河(Suez Canal)	原油	8 133	转向失灵、搁浅	阿联酋	埃及	CTX、MC
88	Cherry Vinstra 油轮	1974.12.1	阿拉伯海	原油	16 000(OSIR、ITOPF、ETC)	爆炸、起火	新加坡	阿拉伯海	lloyd、ETX

（续表）

序号	船名(种类)	时　间	地　　点	油　品	溢油量(公吨)	事故类型	船旗国	受害者	资料来源
89	Chevron Hawaii 油轮	1979.9.1	休斯顿航道南面	乙醇、原油	2 100(约)	爆炸、起火	美国	美国	lloyd、Noaa
90	Christos Bitas 油轮	1978.10.12	彭布鲁克郡海岸 15 公里	伊朗重原油	5 000	搁浅	希腊	英国	Cedre
91	Chryssi 油轮	1970.12.26	百慕大(Bermuda)西南 250 英里	原油	31 000 长吨	解体、沉没	巴拿马	英国	CTX
92	Citta di Savona 油轮	1976.10.27	东锚地（the Eastern Anchorage)	原油	6 488 桶(CTX)/ 1 030 000 L	碰撞	意大利	新加坡	CTX
93	Chunchi 油轮	1968.5.17	朝鲜海峡近木浦(Mokpo)	重燃油	7 000	搁浅、沉没	韩国	韩国	llyod、CTX
94	Claude Conway 油轮	1977.3.20	凯普菲尔(Cape Fear)东南 150 英里	船用重油	14 660 桶(ETC)	爆炸、解体	巴拿马	美国	CTX
95	Command 油轮	1998.9.28	旧金山湾（San Francisco Bay)	中间馏分燃油	5 000 加仑(USCG)、3 000 加仑(CTX、NOAA、CDFG)	船体受损(或装卸问题)		美国	CTX
96	Conoco Britannia 油轮	1973.6.24	亨伯河口	原油	500	搁浅	利比里亚	北海	Cedre
97	Concho 油轮	1981.1.19	Kill Van Kull 东端，斯塔顿岛（Staten）东北端，	6 号燃油	1 786 桶(OSCH)、2 371 桶(ETC)、2 000 桶(CTX)	搁浅		美国	CTX
98	Corinthos 油轮	1975.1.31	马库斯胡克港(Marcus Hook)	阿尔及利亚原油	36 000	碰撞、爆炸、起火	利比里亚	美国	lloyd
99	Cosmas A 油轮	1994.1.24	中国南海，香港东南 300 英里	印尼原油	23 000(CTX)、7 081 000 加仑或 168 590 桶(ETC)	爆炸、起火	马耳他	南海	lloyd、CTX

（续表）

序号	船名(种类)	时　间	地　　点	油　品	溢油量(公吨)	事故类型	船旗国	受害者	资料来源
100	Cosmos Pioneer 油轮	1973.6.17	博尔本德尔灯塔(porbandar light)4.5英里	燃油、柴油	13 000(总)	搁浅、解体	印度	印度	lloyd
101	Cretan Star 油轮	1976.7.28	离孟买450英里	阿拉伯轻原油	28 595长吨	船体受损、沉没	塞浦路斯	印度	lloyd
102	Danita 油轮		蔚山(Ulsan)	煤油	4 970	碰撞		韩国	CTX
103	DaQing 236 油轮	1983.10.11	香港东北100英里	原油	2 100	碰撞、沉没	中国	中国	lloyd
104	Diamond Grace 油轮	1997.7.2	东京湾(Tokyo Bay)近横滨(Yokohama)	原油	1 500、441 000加仑(ERC)、1 550千升(OILDROP、CTX)	搁浅	巴拿马	日本	CTX、IOPC
105	Diego Silang 油轮	1976.7.24	马六甲海峡	原油	38 929桶(ETC)/6 200立方	碰撞、起火	菲律宾	马来西亚	CTX
106	Dona Marika 油轮	1973.8.5	米尔福德港入口	汽油	3 000	搁浅	利比里亚	英国	Cedre
107	Dundalk 油轮	1984.11.7	圣尤斯特歇斯(St. Eustatius)	船用重油	700(总)	船毁坏	开曼群岛	荷兰	lloyd
108	Duck Yang 油轮	2003.9.12	釜山(Busan)	重燃油	300	天气条件、沉没	韩国	韩国	IOPC
109	Eagle Otome 油轮	2010.1.23	德克萨斯，亚瑟港萨宾内奇斯运河	原油	1 800	碰撞	新加坡	美国	Cedre
110	East Point O/C 船	2007.3.2	圣克洛伊岛(St Croix)东北450海里	废油	24 000加仑	倾泻、倾倒	马绍尔群岛	美国	NOAA、shipspotting
111	Eastern Lion 油轮	1994.5.21	瓦尔迪兹(Valdez)	原油	8 400加仑	船体受损	利比里亚	美国	CTX

(续表)

序号	船名(种类)	时　间	地　　点	油　品	溢油量(公吨)	事故类型	船旗国	受害者	资料来源
112	Efthycosta II 油轮	1970.4.8	加的夫 Lavernock Point	重燃油	700	碰撞		英国	Cedre
113	Elhani 油轮	1987.7.22	印尼	原油	3 000	搁浅	利比亚	印度尼西亚	IOPC
114	Eiko Maru N°1 油轮	1983.8.13	宫城	重燃油	357	天气条件、碰撞	日本	日本	IOPC
115	Eleni S 油轮	1987.6.28	拉各斯(lagos)防波堤以东 12 英里	柴油、燃油	1 800	进水、沉没	巴拿马	尼日利亚	lloyd
116	Eleni V 油轮	1978.5.6	北海诺福克海岸 10 公里	重燃油	5 000	碰撞	希腊	英国、北海	Cedre
117	Ellen Conway 油轮	1976.4.25	阿尔泽(Arzew)外港	原油	31 000(CTX、Cedre)/32 143(OSIR)/220 000 桶(ETC)	搁浅、船体受损	利比里亚	阿尔及利亚	lloyd、CTX
118	Elli 成品油轮	2009.8.28	苏伊士运河近红海入口	机油	60	解体、沉没	巴拿马	埃及	CTX
119	Enalios Thetis 油轮	1999.5.6	撒丁岛以南萨罗奇码头	原油	55 650 L	装卸	马耳他	意大利	Cedre
120	Energy Determination 油轮	1979.12.13	霍尔木兹海峡(Hormuz)	原油	>200 000(估)	爆炸、起火、沉没	利比里亚	伊朗	lloyd
121	Energy Endurance 油轮	1981.4.9	德班(Durban)	船用重油	13 214 桶(ETC)、2 100 m^3(CTX)	船体受损	挪威	南非	CTX
122	Ennerdale 油轮	1970.7.1	离马赫(Mahe)的维多利亚港 7 英里	炉油、柴油	41 500	碰撞、沉没	英国	塞舌尔	lloyd
123	Epic Colocotronis 油轮	1975.5.13	波多黎各(Puerto Rico)西北 60 英里	原油	58 000	起火、船体受损	希腊	波多黎各	lloyd
124	Era 油轮	1992.8.30	博尼孙港	船用重油	300	碰撞、船体受损	澳大利亚	澳大利亚	CTX

（续表）

序号	船名（种类）	时 间	地 点	油 品	溢油量（公吨）	事故类型	船旗国	受害者	资料来源
125	Erika 油轮	1999.12.12	比斯开湾，庞马尔（南布列塔尼）以南 30 英里	重燃油	19 000—20 000	船体受损	马耳他	法国	Cedre
126	Esso Bernicia 油轮	1978.12.30	设得兰群岛 萨洛姆 Voe	重燃油	1 100	碰撞	英国	英国	Cedre
127	Esso Cambria 油轮	1970.8.30	拉热克岛（Larak）以东 5 英里	原油	1 200—1 500	搁浅	英国	伊朗	CTX、maritime-connector
128	Esso Essen 油轮	1968.4.29	开普敦（Cape Town）海岸 5 公里	重原油	4 000	搁浅	德国	南非	CTX、maritime-connector
129	Esso Portmouth 油轮	1960.9.9	米尔福德港	原油	700	起火	英国	英国	Cedre
130	Esso Wandsworth 油轮	1965.9.23	泰晤士（河口）Lower Hope Reach	轻燃油	5 000	碰撞	英国	英国	Cedre
131	Estrella Pampeana 成品油轮	1999.1.15	布宜诺斯艾利斯（Buenos Aires），拉普拉塔河口		1 215 320 加仑、4 800、30 000	碰撞	阿根廷、利比里亚	阿根廷	CTX、MC
132	Eurofina 油轮	1979.8.12	瓦里（Warri）	石油产品	3 424（总）	起火	希腊	尼日利亚	lloyd
133	Exxon Valdez 油轮	1989.3.24	阿拉斯加威廉王子岛	原油	38 500	搁浅	美国	美国	Cedre
134	Evensk 油轮	1995.8.25	沃斯托奇内（Vostochnyy）	汽油、其他油制品	100	起火、爆炸、解体、沉没	俄罗斯	俄罗斯	lloyd
135	Everton 油轮	2004.3.22	阿曼南部 40 英里	伊朗重原油	420（ITOPF）、200（LMIU）	碰撞、起火	希腊	阿曼	CTX

（续表）

序号	船名（种类）	时　间	地　　点	油　品	溢油量（公吨）	事故类型	船旗国	受害者	资料来源
136	Evoikos 油轮	1997.10.15	新加坡海峡（Singapore Strait）	重燃油	25 000（UNK）、29 000（IOPCF、OSIR）、200 000 桶（ETC）、28 000（CTX）	碰撞	塞浦路斯	新加坡	CTX、IOPC
137	Exxon Houston 油轮	1989.3.1	埃娃（Ewa）海滩	原油	800	搁浅	美国	美国	lloyd
138	Feoso Ambassador 东方大使油轮	1983.11.25	青岛中沙礁	原油	3 343	搁浅	巴拿马	中国	lloyd
139	Florida Express 供油驳船	1995.2.27	加尔维斯顿（Galveston）50 英里	船用重油	200 桶（USCG）	爆炸、起火		美国	CTX
140	Formosaproduct Brick 油轮	2009.8.18	马六甲海峡，波德申（Port Dickson）	石脑油	5 000 m^3	碰撞	利比里亚	马来西亚	CTX
141	Frontier Express 油轮	1993.10.1	大山（Daesan）西海岸	石脑油	8 320（Kr incident）2.2 m加仑（OSIR）	搁浅	韩国	韩国	CTX
142	Front Sabang 油轮	2002.4.24	萨尔达尼亚湾（Saldanha Bay）		50	操作错误	新加坡	南非	CTX、Shipspotting
143	Front Vanguard 油轮	2002.9.20	苏伊士运河	原油	5 000	搁浅	马绍尔群岛	埃及	CTX
144	Folgoet 成品油轮	1985.12.31	卢瓦河河口（Loire）	重燃油	300	操作错误	法国	法国	IOPC
145	Fukutoko Maru N°8 油轮	1982.4.3	长崎橘湾（Tachibana Bay）	船用重油	85	碰撞	日本	日本	IOPC
146	Furenas 油轮	1980.6.3	厄勒海峡（Oresund）	重燃油	200	碰撞	瑞典	瑞典	IOPC
147	General Colocotronis 油轮	1968.3.8	伊柳塞拉岛（Eleuthera）的（James Point）	原油	37 000 桶（OSCH）	搁浅	希腊	巴哈马	lloyd、CTX

（续表）

序号	船名(种类)	时 间	地 点	油 品	溢油量(公吨)	事故类型	船旗国	受害者	资料来源
148	Genmar Hector 油轮/OBO船	2001.3.14	德克萨斯市	科威特原油	30 635 加仑(USCG)、116 000 升(CTX)	天气条件(飓风/暴雨)		美国	CTX、Shipspotting
149	Genmar Kestrel 油轮	2005.2.4	埃及海岸	阿拉伯轻原油	1 500	碰撞	马绍尔群岛	埃及	CTX
150	Genmar Progress 成品油轮	2007.8.29	瓜亚尼亚湾(Guayanilla Bay)	船用重油	10 000 加仑	船体受损	利比里亚	波多黎各	CTX
151	Geroi Chernomorya 油轮	1992.5.3	斯基罗斯岛(Skyros)东南偏南17英里	原油	1 500—1 600	碰撞	俄罗斯	希腊	CTX、MC
152	Gezina Brovig 油轮	1970.1.31	离圣胡安(San Juan)300英里	燃油(取暖油)	16 000	船体受损、沉没	挪威	波多黎各	lloyd
153	Gino 油轮	1979.4.28	布列塔尼海岸 Finistère，韦桑岛	炭黑、油	32 000、1 000(Team Castor)	碰撞	利比里亚	法国	Cedre
154	Giovanna 油轮	1998.11.1	贝鲁特(Beirut)	汽油	3 000(OSIR)、590 000 加仑(OSIR)	起火、爆炸	马耳他	黎巴嫩	CTX、其他
155	Giuseppe Giuletti 油轮	1972.4.1	圣文森特角	柴油、燃油	26 000/21 000(MIT79)	船体受损	意大利	葡萄牙	CTX
156	Glacier_Bay 油轮	1987.7.2	阿拉斯加库克湾(Cook Inlet)	原油?	150	碰撞(礁石)、搁浅	美国	美国	
157	Global Hope 油轮	1978.2.7	塞勒姆(Salem Sound)	润滑油、燃油	40 000 加仑	天气条件、搁浅	希腊	美国	lloyd
158	Global Asimi 油轮	1981.11.21	克莱佩达港(Klaipeda)	重燃油	16 493	天气条件、搁浅、解体	英国	苏联	lloyd、IOPC
159	Globtik Sun 油轮	1975.8.15	墨西哥湾，新奥尔良西南185英里	原油	7 000 桶(NOAA、OSCH、CTX)/20 000(ETC)	碰撞	英国	美国	lloyd、CTX

（续表）

序号	船名(种类)	时　间	地　　点	油　品	溢油量(公吨)	事故类型	船旗国	受害者	资料来源
160	Golar Patricia 油轮	1973.11.5	加那利群岛 130 英里	船用重油	10 000/20 000 长吨(MIT79)/5 000(CTX)	爆炸	利比里亚	西班牙	Cedre
161	Golden Dolphin 油轮	1982.3.6	百慕大(Bermuda)以东 700 英里	船用重油	21 990 桶(ETC、CTX)、10 000 桶(FSI 3/5 Annex2)	爆炸、起火、沉没	美国	百慕大	CTX
162	Golden Drake 油轮	1972.1.28	亚速尔群岛以南 100 英里	原油	31 000	爆炸	利比里亚	葡萄牙	Cedre
163	Golden Gate 油轮	2002.8.14	卡拉奇石油码头(Karachi Oil Pier)	原油	1 300	搁浅		巴基斯坦	CTX
164	Good Hope 成品油轮	2004.11.18	西迪克利尔（Sidi Kerir)	轻原油	1 000			埃及	CTX
165	Grand Zenith 油轮	1976.12.30	塞布尔角(Cape Sable)东南 30 英里	燃油	29 000(CTX)/212 570(ETC)	天气条件、沉没	巴拿马	美国	lloyd、CTX
166	Grigoroussa I 油轮	2006.2.27	苏伊士运河西岸	重燃油	3 000(ISNTC、CARGOLAW)、1 200(ITOPF)	机械故障、碰撞(码头)	利比里亚	埃及	CTX
167	Gudermes 油轮	2001.4.23	多弗海峡（Dover Straits)		71（LMIU）、110(CTX)	碰撞	马耳他	英国	CTX、shipping-database
168	Gulf Ace 油轮	1981.12.19	波罗(Poro)	燃油	2 500 桶(估)	搁浅	菲律宾	菲律宾	lloyd
169	Gulfstag 油轮	1966.10.24	墨西哥湾，摩根市(Morgan)西南 30 英里	汽油、柴油、石脑油	19 000(NOAA)	爆炸、起火	美国	美国	lloyd

（续表）

序号	船名(种类)	时　间	地　　点	油　品	溢油量(公吨)	事故类型	船旗国	受害者	资料来源
170	Gunvor Maersk 油轮	1979.10.27	马瑙斯(Manaus)	柴油、汽油、煤油	22 000	爆炸、起火	丹麦	巴西	lloyd
171	H.endurance 油轮	1974.2.9	弗里敦(Freetown)	尼日利亚原油	20 000(总)	起火	塞浦路斯	塞拉利昂	lloyd
172	Hakuyoh Maru 油轮	1981.7.12	热那亚(Genoa)	阿尔及利亚原油	197(REMPEC)、21 990 桶(ETC、CTX)	闪电击中、爆炸、起火	日本	意大利	CTX
173	Hamilton Trader 油轮	1969.4.30	爱尔兰海利物浦湾	重燃油	700	碰撞	英国	英国	Cedre
174	Hana 沿岸油轮	2003.5.13	釜山(Busan)	中分燃油	34	碰撞	韩国	韩国	IOPC
175	Haralabos 油轮	1972.1.20	拉斯加里卜(Ras Gharib)	原油	31 000(估)	起火	利比里亚	埃及	lloyd
176	Haven 油轮	1991.4.11	热那亚海岸	原油	144 000	爆炸	塞浦路斯	意大利	Cedre
177	Hawaiian Patriot 油轮	1977.2.23	夏威夷	印度尼西亚原油	50 000	船体受损	利比里亚	美国	Cedre
178	Heimvard 油轮	1965.5.23	室兰(Muroran)	原油	26 771(总)	碰撞、爆炸、起火	挪威	日本	lloyd
179	Hebei Spirit 油轮	2007.12.7	仁川港，离海岸 8 km	重原油	10 900	碰撞	中国	韩国	IOPC
180	Hejaz 油轮	1965.7.16	库里亚穆里亚群岛(Kuria Muria)附近	柴油、汽油、煤油	7 103、6 526、770	天气条件、解体	沙特	阿曼	lloyd
181	Hinode Maru N°1 沿岸油轮	1987.12.18	八恬滨(Yawatahama)	重燃油	25	操作错误	日本	日本	IOPC

（续表）

序号	船名(种类)	时间	地点	油品	溢油量(公吨)	事故类型	船旗国	受害者	资料来源
182	Honam Sapphire 油轮	1995.11.17	丽水(Yosu)	原油	1 400(KrIN)、1 800(IOPCF)、8 800 桶(CTX)	碰撞(泊位)	巴拿马	韩国	CTX、IOPC
183	Honda 油轮	1970.4.2	斯基克达(Skikda)	成品油	2 850(总)	爆炸、起火、船体受损	利比里亚	阿尔及利亚	lloyd
184	Hosei Maru 油轮	1980.8.21	宫城(Miyagi)	重油	270	碰撞	日本	日本	IOPC
185	Hua Hai I 油轮/化学船	1993.12.17	胶州湾，青岛港附近	原油、船用燃油	2 000、200	爆炸、起火、解体、沉没	中国	中国	lloyd
186	Hullgate 油轮	1971.4.8	苏塞克斯滩头(Beachy Head，Sussex)6 km	油品	600	碰撞	英国	英国	Cedre
187	Iliad 油轮	1993.10.9	斯法克提瑞亚(Sfaktiria)	原油	287(REMPEC)、200(IOPCF、LMIU)、235 200 加仑(ERC)	操作错误、搁浅	希腊	希腊	CTX、IOPC
188	Independenta 油轮	1979.11.15	博斯普鲁斯海峡离伊斯坦布尔不到 2km	利比亚原油	94 000/94 600(lloyd)	碰撞	罗马尼亚	土耳其	Cedre
189	Ioannis Angelicoussis 油轮	1979.8.16	玛龙欧(Malongo)，卡宾达(Cabinda)湾	原油	220 000 桶(总)	爆炸、起火、沉没	希腊	安哥拉	lloyd
190	Irenes Challenge 油轮	1977.1.18	中途岛(Midway)以东 200 英里	轻原油	34 000	船解体	利比里亚	法国	Cedre
191	Irenes Serenade 油轮	1980.2.23	塔纳瓦里诺湾(Navarino)	原油	101 690、100 000(ITOPF)/82 000((Intertanko、102 000(OECD)、103 000(GCG)	爆炸、起火	希腊	希腊	lloyd、CTX

（续表）

序号	船名(种类)	时　间	地　　点	油　品	溢油量(公吨)	事故类型	船旗国	受害者	资料来源
192	Islas Orcadas 油轮	1968.5.6	恩森纳达(Ensenada)	汽油	12 000	爆炸、起火、沉没	阿根廷	阿根廷	lloyd、CTX
193	Jahre Spray 油轮	1995.7.22	费城(Philadelphia)	原油	40 000 加仑(LMIU)、1 400 桶(CTX)	飓风、输油管断裂	挪威	美国	CTX、maritime-connector.com
194	Jakob Maersk 油轮	1975.1.29	波尔图雷克索斯港	伊朗原油和重燃油	80 000+4 000	搁浅、爆炸、起火	丹麦	葡萄牙	Cedre
195	Jampur 油轮	1990.3.29	博斯普鲁斯海峡(Bosporus)	汽油	23 810 桶(ETC)、2 600(BSN)、1 000(EMBIRICOS)、1 800(PME)、2.1 m 升(CTX)	碰撞	伊拉克	土耳其	CTX
196	Jan 油轮	1985.8.2	奥尔堡(Aalborg)	重燃油	300	搁浅	德国	丹麦	IOPC
197	Jawachta 油轮	1973.12.21	特雷勒堡(Trelleborg)	原油	1 500—2 000			瑞典	CTX
198	Jessica 油轮	2001.1.16	加拉帕戈斯群岛沉船湾	轻燃油和IFO120	600	搁浅	厄瓜多尔	厄瓜多尔	Cedre
199	Joeng Jin N°101 供油驳船	1997.4.1	釜山(Busan)	重燃油	124	装油溢出	韩国	韩国	IOPC
200	Joeng Yang 油轮	2003.12.23	丽水(Yeosu)	重燃油	700	碰撞	韩国	韩国	IOPC
201	John colocotronis 油轮	1974.12.21	敏耶(Minieh)	船用重油	997SP	搁浅	希腊	黎巴嫩	lloyd
202	Jose Fuchs 油轮	2001.5.25	莫拉莱达海峡(Moraleda Channel)	阿根廷原油	96 000 加仑	搁浅	阿根廷	智利	CTX、shipspotting

（续表）

序号	船名(种类)	时　间	地　　点	油　品	溢油量(公吨)	事故类型	船旗国	受害者	资料来源
203	Jose Marti 油轮	1981.1.7	达拉然(Dalarö)	重燃油	1 000	搁浅	苏联	瑞典	CTX、shipspotting、IOPC
204	JS Amazing 油轮	2009.6.6	瓦里河(Warri River)	低凝燃油	1 000	未知	尼日利亚	尼日利亚	IOPC
205	Juan Antonia Lavalleja 油轮	1980.12.28	阿尔泽港(Arzew)	原油(REMPEC)、凝析油(OSIR、ETC、ITOPF)	39 000(REMPEC)/38 000/30 000(ITOPF)	搁浅	乌拉圭	阿尔及利亚	lloyd
206	Juan Bautista 油轮	1976.12.21	拉利伯塔德(La Libertad)	柴油	1 000(估计)	起火、沉没	厄瓜多尔	厄瓜多尔	lloyd
207	Juliana 油轮	1971.11.30	新潟(Niigata)附近	科威特原油	4 000	撞防波堤、解体	利比里亚	日本	lloyd
208	Julie N 油轮	1996.9.27	缅因州和波特兰州的桥，前河(Fore river)	2 号燃油、重燃油(各一半)	578(OSIR、MSIS)、680(Maine Dept of Wildlife)、613(其他)	引航错误、碰撞桥墩	利比里亚	美国	CTX
209	Julius Schindler 油轮	1969.2.11	亚速尔群岛蓬塔德尔加达	燃油	9 000	未知	西德	葡萄牙	Cedre
210	Kaiko Maru N°86 油轮	1991.4.12	爱知县野间崎(Nomazaki)	重燃油	25	碰撞	日本	日本	IOPC
211	Kasuga Maru N°1 沿岸油轮	1988.12.10	京都府经岬(Kyoga Misaki)	重燃油	1 100	天气条件、沉没	日本	日本	IOPC

（续表）

序号	船名(种类)	时间	地点	油品	溢油量(公吨)	事故类型	船旗国	受害者	资料来源
212	Katina P 油轮	1992.4.16	马普托湾，离海岸6英里	原油	66 700	天气条件	马耳他	莫桑比克	Cedre
213	Katja 油轮	1997.8.7	勒阿弗尔港口	重燃油	187、190	停泊错误	巴哈马	法国	IOPC
214	Kazuei Maru N°10 油轮	1990.4.10	大阪(Osaka)	重燃油	30	碰撞	日本	日本	IOPC
215	Keo 油轮	1969.11.5	楠塔基特(Nantucket)东南120英里	燃油	29 932	天气条件、解体、沉没	利比里亚	美国	lloyd
216	Keumdong N° 5 供油驳船	1993.9.27	丽水(Yeosu)	重燃油	1 280	碰撞	韩国	韩国	IOPC
217	keytrader 油轮	1974.1.18	密西西比河口离 Head of Passes 1.5英里	燃油	17 600 桶(CTX)/17 592 桶(ETC)	碰撞、起火	美国	美国	lloyd
218	Khark5 油轮	1989.12.19	萨菲海岸加那利群岛拉斯帕尔马斯以北400英里	伊朗重原油	70 000	爆炸、起火	伊朗	西班牙	Cedre
219	Kifuku Maru N°35 油轮	1982.12.1	宫城县石卷市(Ishinomaki)	重燃油	33	沉没	日本	日本	IOPC
220	Kihnu 油轮	1993.1.16	塔林(Tallinn)	重燃油	140	搁浅	爱沙尼亚	爱沙尼亚	IOPC
221	King Darwin	2008.9.27	Dalhousie 港	重燃油	64	排泄	加拿大	加拿大	IOPC
222	Kirki 油轮	1991.7.21	塞万提斯(Cervantes)以西55海里	阿拉伯轻原油	18 000	结构损坏	希腊	澳大利亚	Cedre
223	Koei Maru N°3 油轮	1983.12.22	名古屋(Nagoya)	重油	49	碰撞	日本	日本	IOPC
224	Koho Maru N°3 油轮	1984.11.5	广岛(Hiroshima)	重油	20	搁浅	日本	日本	IOPC

（续表）

序号	船名(种类)	时　间	地　　点	油　品	溢油量(公吨)	事故类型	船旗国	受害者	资料来源
225	Konemu 油轮	1997.1.23	努美阿泻湖	柴油	100	搁浅		新喀里多尼亚(法)	Cedre
226	Korea Venus 油轮	1993.6.16	瓮津(Ongjin)	燃油	4 280	搁浅	韩国	韩国	CTX、其他
227	Koshun Maru N°1 油轮	1985.3.5	东京湾(Tokyo Bay)	重燃油	80	碰撞	日本	日本	IOPC
228	Kosmas M 油轮	1978.12.25	(Akbas)，恰纳卡莱(Canakkale)附近，达达尼尔海峡	燃油或者原油	10 473(Cedre、CTX)、73 300(ETC)	起火、爆炸	希腊	土耳其	CTX
229	Kriti Sea 油轮	1996.8.9	阿吉伊西奥多罗(Agioi Theodori)	原油	30(IOPCF、ITOPF)、300(ETC)	操作错误	希腊	希腊	CTX、IOPC
230	Kriti Sea 油轮	1996.10.29	苏伊士运河(Suez Canal)	原油	50	转向失灵、碰撞河堤	希腊	埃及	CTX
231	Kriti Sun 油轮	1975.10.28	爱儿岛(Pulau Ayer)	船用重油	21 990 桶(CTX、ETC)	雷电击中、爆炸、沉没	希腊	印尼	CTX
232	Kurdistan 油轮	1979.3.15	新斯科舍布雷顿角岛	燃油	14 000	天气条件	英国	加拿大	Cedre
233	Kuzbass 油轮	1996.6.21	弗里西亚群岛(Frisian)和库克斯港(Cuxhaven)	利比亚原油	764		俄罗斯	德国	CTX
234	Kyung Won 供油驳船	2003.9.12	南海郡(Namhae)	重燃油	100	搁浅	韩国	韩国	IOPC
235	Kyungnam N°1 沿岸油轮	1997.11.7	蔚山(Ulsan)	重燃油	15—20	搁浅	韩国	韩国	IOPC
236	La Guardia 油轮	1994.10.1	阿斯普罗皮戈斯(Aspropyrgos)	燃油	2 500 桶	燃油管破裂		希腊	Cedre
237	Lauberhorn 油轮	1989.12.20	苏伊士运河(Suez Canal)	原油	441 000 加仑(ERC)、1 500	天气条件、搁浅	利比里亚	埃及	CTX

（续表）

序号	船名(种类)	时　间	地　　点	油　品	溢油量(公吨)	事故类型	船旗国	受害者	资料来源
238	Laura d'Amato 油轮	1999.8.3	悉尼港戈尔湾	轻原油	250	装卸	意大利	澳大利亚	Cedre
239	Limar 成品油船	1996.3.11	波士顿湾(Boston)	柴油	19 桶(LMIU)、575 桶(MSIS、CTX)	搁浅	马绍尔群岛	美国	CTX
240	Litoral 油轮	1996.7.13	Km. 12 of the access channel to the River Plate	燃油	2 400	碰撞、解体	巴拉圭	阿根廷	lloyd
241	Ioannis Angelicoussis 油轮	1979.8.16	卡宾达湾(Cabinda Gulf)	原油	220 000 桶(ETC)、31 429(OSIR)、32 000(CTX)	爆炸、起火	希腊	安哥拉	CTX
242	Lucky Lady 油轮	2004.9.10	芝拉扎(Cilacap)	原油	1 000	搁浅	挪威	印尼	CTX
243	Lyria 油轮	1993.8.17	土伦(Toulon)以南 70 英里	阿拉伯重原油	2 000	碰撞		法国	CTX
244	Lyudvik Svoboda 油轮	1985.3.6	文茨皮尔斯(Ventspils)	原油	5 000(MSB.SE)	爆炸、起火、沉没	苏联	拉脱维亚	lloyd
245	Maersk Navigator 油轮	1993.1.20	安达曼海，马六甲海峡北入口	轻原油	24 830(OSIR)、173 810B(ETC)、25 000(JP)	碰撞、起火	丹麦	印尼、马来西亚、印度、泰国、缅甸	CTX、OPL
246	Mahtab Javed 油轮	1971.11.4	guptikhel，近吉大港	汽油、柴油	700	爆炸、沉没	巴基斯坦	孟加拉	lloyd
247	Manamaria 油轮	1982.6.8	兰佩杜萨(Lampedusa)以西 37 英里	柴油	20 000(总)	起火	希腊	意大利	lloyd
248	Mandoil II 油轮	1968.2.28	哥伦比亚河口以西 340 英里	原油	20 000	碰撞、起火	利比里亚	美国	lloyd

（续表）

序号	船名(种类)	时　间	地　　点	油　品	溢油量(公吨)	事故类型	船旗国	受害者	资料来源
249	Mare Queen 油轮?	1996.3.10	休斯敦航道，贝敦炼油厂(Baytown refinery)	汽油	1 500 桶(ETC)、1 492 桶(USCG)	碰撞		美国	CTX、MTR
250	Marao 油轮	1989.7.14	锡尼什港	原油	5 000	碰撞	葡萄牙	葡萄牙	Cedre
251	Maritza Sayalero 成品油轮	1998.6.8	Cabo Codero, Carenero Bay	柴油	7 000 桶(LMIU、CTX)、262(IOPCF)	油管破裂	巴拿马	委内瑞拉	CTX、IOPC
252	Master Michael 油轮	1979.1.1	加勒比海	6 号柴油	5 600(总)	爆炸、起火、沉没	塞浦路斯	加勒比海	lloyd
253	Master Stathios 油轮	1975.1.12	离德班(Durban)50 英里	燃油	8 000(总)	起火	希腊	南非	lloyd
254	Matsushima Maru No.3 油轮	1977.11.2	室户岬(Muroto Misaki)	脏油(dirty oil)	9 000(总)	爆炸、起火	日本	日本	lloyd
255	Maysun 油轮	1986.8.16	离讷戈斯岛(Nogas)55 英里	燃油	14 000 桶(总)	沉没	菲律宾	菲律宾	lloyd
256	Mebazuzaki Maru N°5 穿梭油轮	1979.12.8	鮴崎(Mebaru)	重油	10	沉没	日本	日本	IOPC
257	Mega Borg 油轮	1990.6.9	加尔维斯顿(Galveston)东南 57 英里	原油	100 000 桶	碰撞、起火	挪威	美国	lloyd、Noaa
258	Messiniaki Frontis 油轮	1979.3.2	南克里特岛(Southern Crete)	原油	12 000(REMPEC、CTX)、104 105 桶(ETC)、8 000—9 000(CAHILL_G)、16 602(Cedre)、7 000(ITOPF)	搁浅		希腊	CTX、ITOPF

（续表）

序号	船名(种类)	时　间	地　　点	油　品	溢油量(公吨)	事故类型	船旗国	受害者	资料来源
259	Metula 油轮	1974.8.9	麦哲伦海峡(Magellan)	阿拉伯轻原油	50 000	搁浅	荷兰	智利	lloyd、TRB
260	Min Ran Gong 7 成品油轮	1999.3.24	东海珠海水域，近香港	船用重油	589.7(Yang Xinzhai)、510(Cedre、CTX)	碰撞	中国	中国	CTX
261	Miya Maru N°8 油轮	1979.3.22	备赞濑户(Bisan Seto)	重油	540	碰撞	日本	日本	IOPC
262	Mandolin II 油轮	1968.2.28	俄勒冈(Oregon)以西340英里	原油	41 000/12.6 m 加仑(ETC)	碰撞、起火	利比里亚	美国	lloyd
263	Monemvasia 油轮	1983.10.18	民丹岛(Bindan Island)	原油	4 200	碰撞水下物	希腊	印尼	IOPC
264	Monte Ulia 油轮	1970.7.26	泰晤士河口	原油和燃油	500	碰撞	西班牙	法国	Cedre
265	Mormacstar 油轮	1995.2.10	离桑迪胡克(Sandy Hook)3.7英里	2号燃油	15 918 加仑(ERC)、12 600 加仑(IMO_HNS)、800桶(CTX)	搁浅		美国	CTX
266	Morning Express 成品油轮	2004.5.26	丽水(Yosu) Dae-do 以南1英里	石脑油	1 200	碰撞	巴拿马	韩国	CTX、shipspotting
267	Mycene 油轮	1980.4.3	塞拉利昂(Sierra Leone)海岸	船用重油	4 000(估)(ETC、CTX)	爆炸、起火、解体、沉没	利比里亚	塞拉利昂	CTX
268	Mystras 油轮	1997.9.18	特拉华湾(Delaware Bay)	原油	7 000 加仑(LMIU)、3 000—10 000 加仑(Courier-Post 2004-11-28)	误操作	利比里亚	美国	Cedre
269	N°1 Yung Jung 穿梭驳船	1996.8.15	釜山(Busan)	中分燃油	28	搁浅	韩国	韩国	IOPC

（续表）

序号	船名(种类)	时　间	地　　点	油　品	溢油量(公吨)	事故类型	船旗国	受害者	资料来源
270	N°11 Hae Woon 油轮	2004.7.22	巨济(Geoje)	重燃油	12	碰撞	韩国	韩国	IOPC
271	N°7 Kwang Min 油轮	2005.11.24	釜山(Busan)	重燃油	37	碰撞	韩国	韩国	IOPC
272	Nagasaki Spirit 油轮	1992.9.20	苏门答腊岛(Sumatera)以北 35 英里	原油	13 000	碰撞、起火	利比里亚	印尼、马来西亚	lloyd
273	Nakhodka 油轮	1997.1.2	离本州岛海岸线 200 km	中分燃油	6 240	船体受损	俄罗斯	日本	IOPC
274	Nanyang 油轮	1976.2.16	中国南海，香港以东 90 英里	原油	20 000	碰撞、沉没	索马里	中国	lloyd
275	Napier 油轮	1973.6.9	关布林岛(Guamblin)	原油	37 000	搁浅、解体	利比里亚	智利	lloyd
276	Nassia 油轮	1994.3.13	博斯普鲁斯海峡	原油	2 000(REMPEC)/219 900 桶(ETC)/95 000	碰撞、爆炸、起火	塞浦路斯	土耳其	Cedre
277	Natuna Sea 油轮	2000.10.3	Batu Berhandi 岛	高粘原油	7 000	搁浅	印度	新加坡、马来西亚、印尼	IOPC
278	Nejmat El Petrolb XVIII 油轮	1991.12.1	吉达港(Jeddah)	燃油	35 000 加仑	碰撞、搁浅、沉没	沙特	沙特	lloyd
279	Nelson 油轮	1973.2.19	百慕大(Bermuda)东北 375 英里	低硫燃油	19 588	天气条件、沉没	塞浦路斯	百慕大	lloyd
280	Neapolis 油轮	2001.1.24	巴拿马运河，佩德罗米格尔水闸(Pedro Miguel Locks)	原油	5 000 加仑(LMIU)、162 加仑(marinelink.com	不详	希腊	巴拿马	CTX

（续表）

序号	船名(种类)	时　间	地　　点	油　品	溢油量(公吨)	事故类型	船旗国	受害者	资料来源
281	Neptune Aries 油轮	1994.10.3	猫来港(Cat Lai)	柴油、汽油	2 000(LMIU)、1 500	碰撞	新加坡	越南	CTX
282	Nerone 油轮	1989.12.28	蒙沙尔礁(Munxar Reef),离马尔萨什洛克湾(Marsaxlokk)2 英里	航空燃油	3 000(估)	搁浅	意大利	马耳他	lloyd
283	Nesa R3 油轮	2013.6.19	苏丹卡布斯港(Port Sultan Qaboos)	柏油	250	沉没	圣基茨和尼维斯	阿曼	IOPC
284	New Amity 油轮	2001.9.22	加尔维斯顿湾的 Barbour's Cut	中间馏分燃油 IFO380	800 桶(LMIU)、50 000 加仑(USCG、MISLE)、36 585 加仑(NRT、CTX)	碰撞	利比里亚	美国	CTX、shipspotting
285	New World 油轮	1994.12.21	离圣文森特角 200 海里	重燃油	2 500	碰撞、爆炸、起火	新港	葡萄牙	Cedre
286	Niki 油轮	1996.8.31	特拉华(Delaware)	4 号燃油	1 500 加仑		希腊	美国	CTX
287	Nissos Amorgos 油轮	1997.2.28	委内瑞拉湾	巴查罗克原油	3 600	搁浅	希腊	委内瑞拉	IOPC
288	Nord pacific 油轮	1988.7.13	克帕斯克里斯蒂(Corpus Christi)	北海原油	15 350 桶(OSCH)	碰撞(码头)	美国?	美国	CTX
289	Nordic Marita 油轮	2003.6.3	比斯开湾，圣塞巴斯蒂昂(Sao Sebastiao)	原油	27 000 升	码头机械故障	巴哈马	西班牙	CTX、shipspotting
290	Norma 油轮	2001.10.18	巴拉那瓜湾(Paranagua Bay)	石脑油	1 800 000 升(IMO_HNS)、392 000 升(CTX)	碰撞(水下物)、搁浅		巴西	CTX

（续表）

序号	船名(种类)	时　间	地　　点	油　品	溢油量(公吨)	事故类型	船旗国	受害者	资料来源
291	Nova 油轮	1985.12.6	哈尔克岛(Kharg)	原油	70 000	碰撞	挪威	波斯湾	lloyd
292	Nunki 成品油轮	1998.9.18	卡伦堡海峡(Kalundborg Fjord)	船用重油	99 000 升	碰撞	马耳他	丹麦	CTX、MC
293	Ocean Eagle 油轮	1968.3.3	圣胡安(San Juan)港入口	委内瑞拉轻原油	19 233	搁浅、解体	利比里亚	波多黎各	lloyd
294	Ocean Gurnard 油轮	1998.8.7	霍士堡灯塔(Horsburg Lighthouse)以南 4 公里	汽油	400	碰撞(南边滩)(South Ledge Shoal)、搁浅	新加坡	新加坡	Cedre
295	Ocean Success 油轮	1997.2.15	湛江港	原油	350	装卸	新加坡	中国	周崇宇论文
296	Oceanic Grandeur 油轮	1970.3.3	澳大利亚西部托雷斯海峡	苏门答腊原油	1 100	搁浅	利比里亚	澳大利亚	Cedre
297	Odyssey 油轮	1988.11.10	离新斯科舍 700 英里	北海原油	132 000	爆炸、起火	英国	加拿大	Cedre
298	Olympic Alliane 油轮	1975.11.12	多弗海峡	伊朗轻原油	10 000	碰撞	利比里亚	英国	Cedre
299	Olympic Bravery 油轮	1976.1.24	布列塔尼海岸 Finistère，韦桑岛	船用重油	1 200	船体受损	利比里亚	法国	Cedre
300	Olympic Glory 油轮	1981.1.28	Morgan′s Point 以南 2 英里	原油	20 000 桶(OSCH、ETC)、22 000(USCG、CTX)、840 000 加仑(MEPC_95)	碰撞		美国	CTX
301	Once 油轮	1996.10.30	曼达普(MAP TA PHUT)	原油	140	不详	法国	泰国	CTX、MC

（续表）

序号	船名(种类)	时 间	地 点	油 品	溢油量(公吨)	事故类型	船旗国	受害者	资料来源
302	Ondina 油轮	1982.3.3	汉堡(Hamburg)	原油	200—300	操作错误	荷兰	德国	IOPC
303	Oregon Standard 油轮	1971.1.18	旧金山(San Francisco)湾	船用重油	800 000 加仑	碰撞	美国	美国	CTX、NOAA
304	Oshima Spirit 油轮	1988.9.	麦哲伦海峡(Magellan)，蓬塔阿雷纳斯(Punta Arenas)	原油	35 000 桶(ETC)、1.47 m 加仑(ERC、OSIR)、6 m 升(CTX)	搁浅	利比里亚	智利	CTX、shipping-database
305	Osung N°3 油轮	1997.4.3	釜山(Pusan)	重燃油	约 300	搁浅	韩国	韩国	IOPC
306	Oswego Patriot 油轮	1975.1.21	洛杉矶港(Los Angeles)	印尼原油	1 554 000 加仑(OSIR)/6 m 升(CTX)	起火	美国	美国	CTX、lafire
307	Othello 油轮	1970.3.20	瓦克斯霍尔姆 Tralhavet 湾	重燃油 IFO380	60 000—100 000	碰撞	瑞典	瑞典	Cedre
308	Oued Gueterini 油轮	1986.12.12	阿尔及尔(Algiers)	柏油	15	排泄	阿尔及利亚	阿尔及利亚	IOPC
309	pacific Colocotronis 油轮	1975.9.28	北海荷兰海岸	轻原油	1 500/2 000(ETC、MEPC26)	船体受损	西腊	荷兰	CTX
310	Pacific Glory 油轮	1970.10.23	离怀特岛的圣凯瑟琳点 10 km	尼日利亚原油	5 000	碰撞、爆炸、起火	利比里亚	英国	Cedre
311	Pacocean 油轮	1969.11.25	台湾岛南端	原油	29 000	解体、沉没	利比里亚	中国	lloyd
312	Panglobal frienbship 油轮	1975.2.11	特立尼达(Trinidad)60 英里	石油产品	2 994(总)	沉没	利比里亚	特多	lloyd
313	Pantas 油轮	1986.7.9	马六甲 (Malacca)海峡	汽油	14 660 桶(ETC)			新加坡	CTX
314	Panther 油轮	1971.3.30	古德温暗沙(Goodwin Sands)	原油	15	搁浅	利比里亚	英国	lloyd

（续表）

序号	船名(种类)	时　间	地　　点	油　品	溢油量(公吨)	事故类型	船旗国	受害者	资料来源
315	Pantoon 300 驳船	1998.1.7	沙迦(Sharjah)哈穆利亚(Hamriyah)	中分燃油	8 000	沉没	圣文森特和格林纳丁斯	阿联酋	IOPC
316	Parnaso 油轮	1999.5.26	开曼布拉克岛(Cayman Brac)西北偏北 180 英里,古巴以南 60 英里	燃油	144	碰撞	委内瑞拉	古巴、开曼群岛	CTX
317	Patmos 油轮	1985.3.21	墨西拿海峡(Messina)	原油	1 100	碰撞、起火	希腊	意大利	lloyd、IOPC
318	Pavlos V 油轮	1978.1.11	西西里岛特拉帕尼	燃油	1 500	起火	希腊	意大利	Cedre
319	Pericles G.C. OBO 船	1983.12.9	多哈(Doha)200 英里	原油	44 000/46 000(ITOPF)/286 000 桶(ETC)	起火、爆炸、沉没	希腊	卡塔尔	lloyd、CTX
320	Perito Moreno 油轮	1984.6.28	布宜诺斯艾利斯(Buenos Aires)	燃油	12 000(总)	爆炸、起火、解体	阿根廷	阿根廷	lloyd
321	Petragen One 油轮	1985.5.26	阿尔赫西拉斯港(Algeciras)	重燃油	99、5 109(Cedre)、37 000 桶(ETC)、42 000 桶(CTX)	爆炸	巴拿马	西班牙	CTX
322	Petrovsk 油轮	2006.12.24	墨西哥湾,加尔维斯顿	原油	160 000 升、48 000 加仑(OTTO)	碰撞		美国	CTX
323	P Harmony 油轮	2001.1.15	釜山(Pusan)	燃油	328(KrIN)	爆炸、沉没	巴拿马	韩国	CTX、MC
324	Phillips Oklahoma 油轮	1989.9.17	离亨伯河口 11 公里	原油	800	碰撞、爆炸	马耳他	北海	Cedre
325	Pilin Leon 油轮	2002.12.30	马拉开波港(Marcaibo)	无铅汽油	300 桶	不详		委内瑞拉	CTX
326	Pionersk 油轮	1994.10.31	设得兰岛的 Ness of Trebister	燃油和柴油	600	搁浅	俄罗斯	英国	Cedre

（续表）

序号	船名(种类)	时　间	地　　点	油　品	溢油量(公吨)	事故类型	船旗国	受害者	资料来源
327	Pnoc Basilan 油轮	1983.11.26	吕宋岛(Luzon)西海岸的 Agoo	煤油、汽油	125 000 桶	爆炸、起火、沉没	菲律宾	菲律宾	lloyd、CTX
328	Pnoc Transmar 油轮	1980.11.11	索索贡（Sorsogon）的 Tawog	船用重油	9 730 桶(总)	搁浅	菲律宾	菲律宾	lloyd
329	Polycommander 油轮	1970.5.4	加利西亚维哥湾谢斯岛 Cies Islands，Vigo Bay	阿拉伯轻原油	15 000	搁浅	挪威	西班牙	Cedre
330	Portfield 油轮	1990.11.5	Pembroke	中分燃油	110	沉没	英国	英国	IOPC
331	Posa Vina 油轮	2000.6.8	波士顿港（Boston harbor)	取暖油	50 000 加仑(PLANETARK)	碰撞		美国	CTX
332	Presidente Illia 油轮	2007.12.26	卡莱塔科尔多瓦(Caleta Córdova)	原油	50—200	未知	阿根廷	阿根廷	IOPC
333	Presidente Rivera 油轮	1989.6.24	近克莱蒙特(Claymont)马库斯胡克（Marcus Hook)以南	6 号燃油	7 310(OSCH、CTX)、3 000(ERC)	搁浅	乌拉圭	美国	CTX
334	Prestige 油轮	2002.11.13	加利西亚菲尼斯特雷角离西班牙海岸 130 km	重燃油	64 000	船体受损	巴哈马	西班牙	IOPC
335	Princess Anne Marie 油轮	1975.7.14	离澳大利亚海岸 300 海里	原油	5 700(ITOPF)、14 800、28 571 桶(ETC、CTX)	结构损坏	希腊	澳大利亚	CTX
336	Puerto Rican 油轮	1984.10.31	洛杉矶湾，金门桥（Golden Gate Bridge）以西 8 英里	润滑油、燃油	2 016 000 加仑(OSIR)、38 500 桶(NOAA)、1.47 m 加仑(FSA)、14 286(ERC)	爆炸、起火	美国	美国	CTX

(续表)

序号	船名(种类)	时间	地点	油品	溢油量(公吨)	事故类型	船旗国	受害者	资料来源
337	Puppy P 油轮	1989.6.28	阿拉伯海，离孟买 795 英里	炉油	5 000(IJ)、5 500 (IDFE)、7 310 桶 (CTX)	碰撞	日本	印度	CTX、MC
338	Ragny 油轮	1970.12.27	开普梅(Cape May)以东 600 英里	汽车柴油、加热油	18 000(估)	天气条件、解体	芬兰	美国(公海)	lloyd、CTX
339	Randgrid 穿梭油轮		泰特尼(Tetney)	原油	12、586 66 加仑	油管破裂	英国	英国	CTX
340	Ratna Shalini 油轮	2005.4.7	蒙巴萨港(Mombasa Port)	原油	140		印度	肯尼亚	Cedre
341	Red Seagull 油轮	1998.1.23	加尔维斯顿(Galveston)以南 50 英里	阿拉伯中原油	450 桶(LMIU)、21 000 加仑(MSIS)			美国	CTX
342	Rio Orinoco 沥青船	1990.10.16	安蒂科斯蒂岛(Anticosti Island)	中分燃油	185	搁浅	开曼群岛	加拿大	IOPC
343	Rosebay 油轮	1990.5.12	德文郡布里克瑟姆港(公海)	原油	1 000	碰撞	利比里亚	英国	Cedre
344	Russel H. Green/Julius Hammer 油轮	1967.6.10	直布罗陀海峡	原油	3 000	碰撞	利比里亚	西班牙	Cedre
345	Ryoyo Maru 沿岸油轮	1993.7.23	伊豆半岛(Izu Peninsula)	重汽油	500	碰撞	日本	日本	IOPC
346	Saetta 油轮	2005.4.19	博卡奇卡 2 英里(Boca Chica)	燃油	200 桶	船体受损	马耳他	多米尼加	Cedre
347	Safina Star 油轮	1977.2.6	苏伊士运河(Suez Canal)	原油	24 908 桶(ETC)/3 588(OSIR)/4 m 升(CTX)	搁浅	沙特	埃及	CTX

（续表）

序号	船名(种类)	时　间	地　　点	油　品	溢油量(公吨)	事故类型	船旗国	受害者	资料来源
348	Saint Mary 油轮	1974.1.14	离葡萄牙230海里	燃油	3 000	碰撞	利比里亚	葡萄牙	Cedre
349	Salem 油轮	1980.1.17	德班(Durban)	原油	15 000	故意沉没	利比里亚	南非	lloyd、CTX
350	Sam Bo No.11 油轮	1993.4.12	釜山(Busan)东北14英里	船用重油	690(总)	搁浅、沉没	韩国	韩国	lloyd
351	Samir 油轮	1982.11.8	杜邦布朗丁(Pont Blondin)	原油	20 000(总)	天气条件、搁浅	摩洛哥	摩洛哥	lloyd
352	San Jorge 油轮	1997.2.8	离埃斯特角城东南8 km	原油	5 000	搁浅	巴拿马	乌拉圭	Cedre
353	San Nikitas 油轮	1983.12.22	波的尼亚湾(Bothnia)的Finngrundet	船用重油	500	搁浅	希腊	瑞典/拉脱维亚	lloyd、CTX
354	Sansinena 油轮	1976.12.17	圣佩德罗(San Pedro)	船用重油、印尼轻原油	30 000桶	爆炸、起火、沉没	利比里亚	美国	lloyd
355	Sasch 油轮	1981.6.15	南加里曼丹(Kalimantan)的哥达巴鲁(Kota Baru)	原油	2 500	起火、沉没	新加坡	印尼	lloyd
356	Scorpio 油轮	1976.2.18	公海	原油	220 000桶(ETC、CTX)	搁浅	希腊	公海	CTX
357	Sea Empress 油轮	1996.2.15	米尔福德港	轻原油	72 360	搁浅	利比里亚	英国	IOPC
358	Sea Prince 油轮	1995.7.23	丽水	沙特原油	5 035	搁浅	塞浦路斯	韩国	IOPC
359	Sea Spirit 油轮	1990.8.6	离安达卢西亚的14海里	原油	9 600	碰撞	塞浦路斯	西班牙	Cedre

（续表）

序号	船名(种类)	时　间	地　　点	油　品	溢油量(公吨)	事故类型	船旗国	受害者	资料来源
360	Sea Star 油轮	1972.12.19	阿曼(Oman)湾	印尼原油	115 000(CEDRE)	碰撞	韩国	阿联酋	CTX
361	Sea Valiant 油轮	1979.3.13	布列塔尼多尔奈兹(Douarnenez)	重燃油	20—30	船体受损	利比里亚	法国	Cedre
362	Seestern 油轮	1966.9.19	肯特郡梅德韦河口	尼日利亚轻原油	1 700	船体受损		英国	Cedre
363	Seal Island 油轮	1993.3.12	离安的列斯群岛(Antilles)600 英里	船用重油	1 500 桶				CTX
364	Seki 油轮	1994.3.30	阿曼湾，富查伊拉(Fujairah)附近	原油	16 000	碰撞	巴拿马	阿联酋(阿曼、伊朗可能被影响)	CTX、IOPC
365	Senyo Maru 油轮	1995.9.3	宇部(Ube)	重燃油	94	碰撞	日本	日本	IOPC
366	Shinoussa 油轮	1990.7.28	加尔维斯顿湾(Galveston Bay)的休斯敦船道(the Houston Ship Channel)	5 号油(真空油)	17 000 桶	碰撞	希腊	美国	NOAA
367	Shinoussa 油轮	2001.5.23	自由港(Freeport)	船用重油	50 000 升(LMIU)、400 加仑(CTX)	碰撞	希腊	美国	CTX
368	Shiota Maru N°2 油轮	1982.3.31	高岛(Takashima Island)	重燃油	20	搁浅	日本	日本	IOPC
369	Shosei Maru 油轮	2006.11.28	濑户内海(Seto Inland Sea)	重燃油	60	碰撞	日本	日本	IOPC
370	Showa Mura 油轮	1975.1.6	牛岩(Buffalo Rock)，马六甲海峡	原油	51 310 桶(ETC)/3 100 长吨(MIT79)/1 200 立方(期刊文章)/4 500	搁浅	日本	新加坡	CTX

（续表）

序号	船名(种类)	时间	地点	油品	溢油量(公吨)	事故类型	船旗国	受害者	资料来源
371	Silver Castle 油轮	1972.4.20	伊丽莎白(Elizabeth)以北80英里	原油	8 000(估)	碰撞、起火、沉没	利比里亚	南非	lloyd、CTX
372	Silver Energy 油轮	1990.8.18	苏伊士运河(Suez Canal)	原油	3 200	机械故障、碰撞(河堤)	马耳他	埃及	CTX、MC
373	Silver Ocean 油轮	1970.4.17	德班(Durban)东北	原油	18 000(CTX)	起火、解体、沉没	利比里亚	南非	lloyd
374	Sitakund 油轮	1968.10.20	离比奇角(Beachy Head)不到2km	船用重油	500	起火	挪威	英国	Cedre
375	Sivand 油轮	1983.9.28	亨伯河口(Humber Estuary)	尼日利亚轻原油	6 000	搁浅	伊朗	英国	Cedre
376	Sky Ace 油轮	2002.12.17	泰国湾，林查班港(Laem Chabang)	船用重油	20	碰撞	巴拿马	泰国	CTX
377	Skyron 油轮	1987.5.30	敦刻尔克东北海岸	燃油	1 000桶	碰撞	利比里亚	法国	Cedre
378	Showa Maru 油轮	1980.1.9	鸣门海峡(Naruto Strait)	重油	100	碰撞	日本	日本	IOPC
379	Slops 废油回收船	2000.6.15	比雷埃夫斯(Piraeus)	废油	1 000—2 500	爆炸、起火	希腊	希腊	IOPC
380	Sofia P 油轮	1970.1.5	东京湾东南650英里	航空燃油、涡轮机燃油	18 000	解体、沉没	利比里亚	日本	CTX
381	Solar 1 油轮	2006.8.11	吉马拉斯岛	重燃油	800	船体受损		菲律宾	Cedre
382	Solar 1 油轮	2006.8.11	吉马拉斯海峡(Guimaras Strait)	工业燃油	2 100	沉没	菲律宾	菲律宾	IOPC

（续表）

序号	船名(种类)	时　间	地　　点	油　品	溢油量(公吨)	事故类型	船旗国	受害者	资料来源
383	Sotka 油轮	1985.9.12	波罗的海奥兰海(Aland Sea)	重燃油	300	碰撞	芬兰	瑞典	IOPC
384	Southern Eagle 油轮	1987.6.15	四国岛西岸佐田岬(Sada Misaki)	船用重油	15	碰撞	巴拿马	日本	IOPC
385	Southern Sun 油轮	1976.11.23	祖埃提纳(Zuetina)	船用重油	7 330 桶(ETC)	天气条件、搁浅	利比里亚	利比亚	CTX
386	SpabunkerIV 供油驳船	2003.1.21	阿尔赫西拉斯港	轻燃油、柴油	900、100	天气条件	西班牙	西班牙	Cedre
387	Spartan Lady 油轮	1975.4.4	纽约东南 165 英里	原油、燃油	142 857 桶(ETC)/20 000(CTX)/20 408	天气条件、解体	利比里亚	美国	lloyd、CTX
388	Splendid Breeze 油轮	1973.12.6	打捞(Salvage)群岛，离加那利(Canaries)群岛 85 英里	船用重油	2 000	船体受损	利比里亚	西班牙	Cedre
389	Spyros Lemnos 油轮	1968.11.1	加利西亚菲尼斯特雷角离维哥港(Vigo)14 英里	委内瑞拉重原油	15 000	结构损坏	利比里亚	西班牙	Cedre
390	St. Helen 油轮	2004.3.19	加尔维斯顿湾的休斯敦航道	石脑油	151 200 加仑	碰撞	马耳他	美国	CTX
391	St.Peter 油轮	1976.2.4	埃斯梅拉达斯(Esmeraldas)东北 30 英里	原油	10 000	起火、爆炸、沉没	利比里亚	厄瓜多尔	lloyd
392	Stuyvesant 油轮	1981.11.30	特万特佩克湾(Gulf of Tehuantepec)	原油	15 000 桶(ETC)、14 285 桶(USCG)	搁浅	美国	墨西哥	CTX

（续表）

序号	船名(种类)	时 间	地 点	油 品	溢油量(公吨)	事故类型	船旗国	受害者	资料来源
393	Stuyvesant 油轮	1987.1.6	阿拉斯加湾(Gulf of Alaska)	原油	3 600 桶(ETC)、16 000(CTX)		美国	美国	CTX
394	Stuyvesant 油轮	1987.10.4	阿拉斯加湾(Gulf of Alaska)	原油	14 285 桶(USCG)		美国	美国	CTX
395	Suma Maru N°11 油轮	1981.11.21	唐津(Karatsu)	重燃油	10	搁浅	日本	日本	IOPC
396	Sung IL N°1 沿岸油轮	1994.11.8	蔚山(Onsan)	重燃油	18	搁浅	韩国	韩国	IOPC
397	Surf City 油轮	1990.2.22	离沙迦(Sharjah)30 英里	石脑油、汽油	7.5 m 加仑(MSIS)、196 985 桶(NTSB)、31.3 m 升(CTX)	爆炸、起火	美国	阿联酋	lloyd、CTX
398	Svangen 油轮	1991.10.11	阿尔梅里亚 Almeria	燃油	180	天气条件	巴拿马	西班牙	Cedre
399	Syros 油轮/散货船?	2007.6.3	拉普拉塔河(La Plata River),离蒙得维的亚(Montevideo)12 英里	燃油	14 000 m^3	碰撞	希腊	乌拉圭、阿根廷	CTX
400	Tabriz 油轮	1998.12.7	班达尔阿巴斯(Bandar Abbas)		100	机械故障、碰撞(码头)	伊朗	伊朗	CTX、MC
401	Tadotsu 油轮	1978.12.7	马六甲海峡,杜迈(Dumai)附近	原油	293 000 桶(ETC、CTX)、13.2 m 加仑	不详	日本	印尼	CTX
402	Taiko Maru 沿岸油轮	1993.5.31	福岛失崎(Shioyazaki)	重燃油	520	碰撞	日本	日本	IOPC
403	Tamano 油轮	1972.7.22	卡斯克湾(Casco)	6 号燃油	2 380 桶(OSCH)/100 000 加仑(CTX)	搁浅	挪威	美国	CTX
404	Tanio 油轮	1980.3.7	巴茨岛(Batz)北部	重燃油	13 500	船体受损	巴拿马	法国	IOPC

（续表）

序号	船名（种类）	时　间	地　　点	油　品	溢油量（公吨）	事故类型	船旗国	受害者	资料来源
405	Tarik Ibn Ziyad 油轮	1975.3.26	圣塞巴斯蒂昂码头（Sao Sebastiao），桑托斯（Santos）	轻原油	110 000 升（MIT79）/ 109 950 桶（OSCH、ETC、CtX）/ 4 618 000 加仑（OSIR）	搁浅	伊朗	巴西	CTX
406	Tasman Sea 油轮	2002.11.23	天津渤海海域	轻原油	205	碰撞	马耳他	中国	中国环保部
407	Tasman Spirit 油轮	2003.7.23	卡拉奇港通道	伊朗原油	27 000、40 000（PMNA）	搁浅	希腊	巴基斯坦	CTX
408	Teide Spirit 油轮	2009.9.16	维尔瓦（Huelva），多南那（Doñana）	燃油	30	管道破裂	加那利群岛	西班牙	CTX、shipspotting
409	Tekton 油轮	1974.10.10	圣弗朗西斯角（Cape St. Francis）以南 9 英里	船用重油	3 665 桶	碰撞、爆炸、起火	利比里亚	南非	CTX
410	Texaco Caribbean 油轮	1971.1.11	多弗海峡 13 km	船用重油	600	碰撞	巴拿马	英国	Cedre
411	Texaco Denmark 油轮	1971.12.7	比利时海岸	原油	31.5 m 加仑（OSIR）/ 107 143（Veiga）/ 102 319（Intertanko）	碰撞	英国	比利时、北海	CTX
412	Texaco Oklahoma 油轮	1971.3.27	北卡罗莱纳州（North Carolina）海岸	原油	33 000（wreck）	天气条件、解体	美国	美国	lloyd
413	Texanita 油轮	1972.8.21	厄加勒斯角（Cape Agulhas）以东 50 英里	原油	10 020（OSIR）/ 8 000—10 000（SA—EN）/100 000（CEDRE）	碰撞、爆炸、起火、沉没	利比里亚	南非	lloyd、CTX
414	Thai Resource 油轮	1996.4.4	丽水（Yosu）	原油	25 桶（LMIU）、70（CTX、KrIN）	船体受损	圣文森特和格林纳丁斯	韩国	CTX、MC

（续表）

序号	船名(种类)	时　间	地　　点	油　品	溢油量(公吨)	事故类型	船旗国	受害者	资料来源
415	Thanassis A. 油轮	1994.10.21	香港东南 397 英里	燃油	38 000(估)	天气条件、解体	马耳他	中国	lloyd
416	Theomana 油轮	1991.9.3	坎普斯盆地(Campos Basin)的大青花鱼场(Albacora field)	原油	>30 000	船体受损	希腊	巴西	CTX
417	Theotokos 油轮	1998.7.2	科伦坡(Colombo)	原油	20—50	输油管脱落	巴拿马	斯里兰卡	CTX、MC
418	Theodoros V 油轮	1974.7.22	达喀尔以北(Dakar)400 英里	原油	20 000	爆炸、起火、沉没	希腊	西撒哈拉	lloyd
419	Thita Minerva 油轮	1991.8.18	的黎波里(Tripoli)	汽油	2 800(估)	起火、爆炸	巴拿马	黎巴嫩	lloyd
420	Thompson_Pass 油轮	1989.1.3	阿拉斯加(Alaska)的瓦尔迪兹(Valdez)	北坡原油	72 000 加仑(KEEBLE)、71 200 加仑(CTX)、21 000 加仑	船体受损	美国	美国	NOAA、CTX、MC
421	Thuntank 5 油轮	1986.12.21	瑞典东海岸，近耶夫勒(Gavle)	燃油	150(MEPC)、150—200	搁浅	瑞典	瑞典	IOPC
422	Tien Chee 油轮	1972.5.11	印度海峡(Indio Channel)，蒙得维的亚(Montevideo)	原油	1 470 000 加仑(OSIR)/800 (CAHILL_G)	碰撞、起火	利比里亚	阿根廷、乌拉圭	lloyd、CTX
423	Tifoso 油轮	1983.1.20	百慕大(Bermuda)以北 11 英里，北石(North Rock)西北 1.5 英里	船用重油	2 168 桶(CTX)	天气条件、搁浅	利比里亚	英国	lloyd
424	Tintomara O/C 船	2008.7.23	密西西比河，近新奥尔良	燃油	1 570	碰撞	利比里亚	美国	CTX、Shipspotting

（续表）

序号	船名(种类)	时　间	地　　点	油　品	溢油量(公吨)	事故类型	船旗国	受害者	资料来源
425	Tochal 油轮	1994.6.1	开普敦(Cape Town)西北 90 英里	船用重油	1 405 桶	船体受损	伊朗	南非	lloyd、CTX
426	Tolmiros 油轮	1987.9.11	瑞典西海岸	委内瑞拉原油	200	操作错误	希腊	瑞典	IOPC
427	Torino 油轮?	1996.1.28	釜山(Busan)东南	原油	380	碰撞	挪威	韩国	CTX、MC
428	Toro 油轮	1993.7.3	帕尔马斯角（Cape Palmas)40 英里	汽油	2 029(总)	爆炸、沉没	圣文森特和格林纳丁斯	利比里亚	lloyd
429	Torrey Canyon 油轮	1967.3.18	锡利群岛和英国海岸之间	原油	121 000	搁浅	利比里亚	英国	Cedre
430	Tpao 油轮	1997.2.13	伊斯坦布尔(Istanbul)	燃油、柴油、机油	215(Tuzla OSP)、621(CTX)	爆炸、起火	土耳其	土耳其	CTX、MC
431	Tosa Maru 油轮	1975.4.17	圣约翰岛(St. John)入口 1 英里	原油、船用重油	12 594 桶、28 000(CTX)	碰撞、起火、沉没	日本	新加坡	lloyd
432	Tove Knutsen 穿梭油轮	1997.1.3	亨伯河口（River Humber)		15	排气装置起火	英国	英国	CTX
433	Toyotaka Maru 油轮	1994.10.17	海南(Kainan)	原油	560	碰撞	日本	日本	IOPC
434	Trader 油轮	1972.6.11	希腊西南海岸	原油	34 000/37 400(EN—R)	船体受损、沉没	希腊	希腊	lloyd
435	Transhuron 油轮	1974.9.24	印度西南海岸	原油、炉油	14 000/3 325(CTX)/117 251 桶(USCG)	起火、搁浅	美国	印度	lloyd、CTX

（续表）

序号	船名(种类)	时间	地点	油品	溢油量(公吨)	事故类型	船旗国	受害者	资料来源
436	Tsunehisa Maru N°8 油轮	1984.8.26	大阪(Osaka)	重油	30	沉没	日本	日本	IOPC
437	Turgut Reis 油轮	1979.12.15	克鲁那（Corunna）以北170 km	柴油	220	船体受损	土耳其	西班牙	Cedre
438	United Star	2000.2.29	米尔福德港（Milford Haven）	汽油	9(ACOPS2000)、200升(LMIU)	船体受损		英国	Cedre
439	Universe Defiance 油轮	1977.4.15	几内亚(Guinea)海岸	船用重油	21 990 桶(CTX)	起火、爆炸	利比里亚	几内亚	lloyd
440	Universe Leader 油轮	1974.10.22	班特里湾	科威特原油	2 600	人为错误	利比里亚	爱尔兰	Cedre
441	Unsei Maru 油轮	1980.1.9	阿久根(Akune)	重燃油	140	碰撞	日本	日本	IOPC
442	Urquiola 油轮	1976.5.12	拉克鲁那（La Coruña）港入口	科威特原油	101 000	搁浅、爆炸、起火	西班牙	西班牙	Cedre
443	Valparaiso OO 船	1986.5.17	塔尔卡瓦诺(Talcahuano)以南180英里	原油	2 000	天气条件、搁浅	智利	智利	lloyd
444	Venoil 油轮	1977.12.16	圣弗兰西斯角(Cape St. Francis)20英里，近伊丽莎白港(Elizabeth)	伊朗原油	23 839/26 000 (CAHILL_C)/30 715(OSIR)	碰撞、起火	利比里亚	南非	lloyd、CTX
445	Vera Berlingieri 油轮	1979.6.26	菲乌米奇诺(Fiumicinio)18英里	汽油、瓦斯油	5 000、1 200 (REMPEC)	碰撞、起火	意大利	意大利	lloyd
446	Verginia II 油轮	2000.11.4	圣塞巴斯蒂昂（Sao Sebastiao）	原油	22 000 加仑	撞到码头	巴西	巴西	CTX
447	Vicuna 化学船/油轮	2004.11.15	巴拉那瓜(Paranaguá)	船用重油	400	爆炸	智利	巴西	CTX

（续表）

序号	船名(种类)	时　间	地　　点	油　品	溢油量(公吨)	事故类型	船旗国	受害者	资料来源
448	Viking Osprey 油轮	1986.9.8	马库斯胡克港(Marcus Hook)	原油	6 600 桶(NOAA)、6 500(USCG、CTX)、264 600 加仑(ERCG)	搁浅		美国	CTX
449	Vistabella 油轮	1991.3.7	尼维斯岛西南 15 英里	重燃油	2 000(估)	船体受损	特立尼达和多巴哥	加勒比海	IOPC
450	Vitoria 油轮	1987.6.23	鲁昂(Rouen)	船用重油	15,20	碰撞、爆炸、起火、沉没	希腊	法国	CTX
451	Volgoneft 139 油轮	2007.11.11	刻赤海峡(Strait of Kerch)	燃油	1 200—2 000	船体受损	俄联邦	俄乌	IOPC
452	Volgoneft 263 油轮	1990.5.14	卡尔斯克鲁纳(Karlskrona)	废油	800	碰撞	俄联邦	瑞典	IOPC
453	Wafra 油轮	1971.2.27	厄加勒斯角(Cape Agulhas) 7 英里	原油	40 000/63 000(Cedre)/68 570(OSIR)	发动机舱进水	利比里亚	南非	lloyd
454	Westchester 油轮	2000.11.28	密西西比河 38 英里	原油	546 000(LMIU)、538 000(MISLE)	爆炸、搁浅	巴拿马	美国	CTX、MC
455	Witwater 油轮	1968.12.13	科隆(Colon)防波堤 1 英里	重油、柴油	14 000 桶(USCG)	解体、沉没	英国	巴拿马	lloyd
456	World Encouragement 油轮	1979.9.10	博特尼湾	阿拉伯原油	95	结构损坏	利比里亚	澳大利亚	Cedre
457	World Glory 油轮	1968.6.14	离德班(Durban) 90 英里	科威特原油	46 000	天气条件、解体、起火	利比里亚	南非	lloyd

（续表）

序号	船名(种类)	时　间	地　　点	油　品	溢油量(公吨)	事故类型	船旗国	受害者	资料来源
458	Word Hitachi Zosen 油轮	1992.4.18	努瓦迪布(Nouadhibou)西北	原油	950(ITOPF)	碰撞	巴拿马	毛里塔尼亚	lloyd
459	World Prodigy 油轮	1989.6.23	罗德岛(Rhode Island)，纳拉甘西特湾(Narragansett)	2号燃油	6 873 桶(OSCH)、7 000 桶(CAHILL_S)、1 100 m^3(CTX)	搁浅	希腊	美国	CTX
460	Yeo Myung 油轮	1995.8.3	丽水(Yosu)	重燃油	40	碰撞	韩国	韩国	IOPC
461	Yuil No.1 油轮	1995.9.21	釜山(Busan)以南 16 英里	船用重油	2 870(总)	搁浅、沉没	韩国	韩国	lloyd
462	Yuyo Maru No.10 油轮	1974.11.9	东京湾	石脑油	52 000	碰撞、起火、爆炸、沉没	日本	日本	lloyd
463	Zeinab 走私船(油轮)	2001.4.14	离迪拜海岸 16 英里	燃油	400	失去稳定性、沉没	格鲁吉亚	阿联酋	IOPC
464	Zoe Colocotronis 油轮	1973.3.13	帕尔古拉(La Parguera)海岸 3.5 英里	原油	37 579 桶(OSCH)/37 600 桶(CTX)	搁浅、故意排放	希腊	波多黎各	CTX

注：1. 资料来源中的注释为资料的主要出处。
2. 溢油量除特殊标注外都为公吨，括号中的注释为溢油量来源，“总”表示所载总油量，“估”为估计数据。
3. 各栏目中的数据与资料来源中的出处字体一样的，即该数据来自此处。
4. IOPC 是指 IOPC Funds；Cedre 是指 http://wwz.cedre.fr/网站；CTX 是指 http://www.c4tx.org 网站，lloyd 是指英国劳氏船级社，其他与正文一致。

参考文献

[1] A. G. Tansley. British Ecology During the Past Quarter-Century: The Plant Community and the Ecosystem [J]. Journal of Ecology. 1939, 27(2): 513-530.

[2] A. G. Tansley. The Use and Abuse of Vegetational Concepts and Terms [J]. Ecology. 1935, 16(3): 284-307.

[3] A. W. McThenia, J. E. Ulrich. A Return to Principles of Corrective Justice in Deciding Economic Loss Cases [J]. Virginia Law Review. 1983, 69(8): 1517-1535.

[4] A. N. Smith. The Effects of Oil Pollution and Emulsifier Cleansing on Shore Life in South-West Britain [J]. Journal of Applied Ecology. 1968, 5(1): 97-107.

[5] A. M. Schultz. What is Ecosystemology? [EB/OL].

[6] B. Mansfield. Rules of Privatization: Contradictions in Neoliberal Regulation of North Pacific Fisheries [J]. Annals of the Association of American Geographers. 2004, 94(3): 565-584.

[7] B. Czech, P. R. Krausma. Implications of an Ecosystem Management Literature Review [J]. Wildlife Society Bulletin. 1997, 25(3): 667-675.

[8] B. Dicks. Compensation for Environmental Damage Caused by Oil Spills: an International Perspective [R]. Paris: The AMURE Seminar. 2006.

[9] C. A. Kontovas et al. Estimating the Consequence Costs of Oil Spills

from Tankers [R]. Houston: SNAME Annual Meeting. 2011.

[10] C.F. Santos, F. Andrade. Environmental Sensitivity of the Portuguese Coast in the Scope of Oil Spill Events—Comparing Different Assessment Approaches [J]. Journal of Coastal Research. 2009, 1(56): 885-889.

[11] C. J. Grey. The Cost of Oil Spills from Tankers: an Analysis of IOPC Fund Incidents [R]. Seattle: International Oil Spill Conference. 1999.

[12] C. H. Peterson et al. A Tale of Two Spills: Novel Science and Policy Implications of an Emerging New Oil Spill Model [J]. BioScience. 2012, 62(5): 461-469.

[13] C. J. Kennedy, So-Min Cheong. Lost Ecosystem Services as a Measure of Oil Spill Damages: A Conceptual Analysis of the Importance of Baselines [J]. Journal of Environmental Management. 2013, 128: 43-51.

[14] C. A. Kontovas et al. An Empirical Analysis of IOPCF Oil Spill Cost Data [J]. Marine Pollution Bulletin. 2010, 60: 1455-1466.

[15] C. A. Kontovas, H. N. Psaraftis. Marine Environment Risk Assessment: A Survey on the Disutility Cost of Oil Spills [R]. Aailable at: http://www.martrans. org/documents/2008/sft/Kontovas% 20Psaraftis% 20SOME% 20Disutility%20Cost.pdf. 2008-1-13.

[16] C. W. Clark. Mathematical Models in the Economics of Renewable Resources [J]. SIAM Review. 1979, 21(1): 81-99.

[17] C. W. Clark. The Economics of Overexploitation [J]. Science, New Series. 1973, 181(4100) : 630-634.

[18] D. S. Etkin, J. Welch. Oil Spill Intelligence Report International Oil Spill Database: Trends in Oil Spill Volumes and Frequency [R]. Fort Lauderdale: International Oil Spill Conference. 1997.

[19] D. S. Etkin. Analysis of Oil Spill Trends in the United States and Worldwide [R]. Tampa: International Oil Spill Conference. 2001.

[20] D. S. Etkin. Estimating Cleanup Costs for Oil Spills [R]. Seattle:

International Oil Spill Conference. 1999.
[21] D. S. Etkin. Modeling Oil Spill Response and Damage Costs [R]. New Orleans: EPA Freshwater Spills Symposium. 2004.
[22] D. S. Etkin. Worldwide Analysis of Marine Oil Spill Cleanup Cost Factors [R]. Vancouver: Arctic and Marine Oilspill Program Technical Seminar. 2000.
[23] D. A. Farber. Basic Compensation for Victims of Climate Change [J]. University of Pennsylvania Law Review. 2007, 155(6): 1605-1656.
[24] D. Depellegrin, Nerijus Blazauskas. Integrating Ecosystem Service Values into Oil Spill Impact Assessment [J]. Journal of Coastal Research. 2013, 29(4): 836-846.
[25] D. S. Maynard et al. Temperate Forest Termites: Ecology, Biogeography, and Ecosystem Impacts [J]. Ecological Entomology. 2015, 40(3): 199-210.
[26] D. F. McCay et al. Estimation of Potential Impacts and Natural Resource Damages of Oil [J]. Journal of Hazardous Materials. 2004, 107: 11-25.
[27] E. B. Cowell. The Effects of Oil Pollution on Salt-Marsh Communities in Pembrokeshire and Cornwall [J]. Journal of Applied Ecology. 1969, 6 (2): 133-142.
[28] E. A. Ackerman. Depletion in New England Fisheries [J]. Economic Geography. 1938, 14(3): 233-238.
[29] E. Neumayer, F. Barthel. Normalizing economic loss from natural disasters: A global analysis [J]. Global Environmental Change. 2011, 21: 13-24.
[30] E. Bonsdorff. The Antonio Gramsci Oil Spill Impact on the Littoral and Benthic Ecosystems [J]. Marine Pollution Bulletin. 1981, 12 (9): 301-305.
[31] E. Vanem. Cost-effectiveness Criteria for Marine Oil Spill Preventive Measures [J]. Reliability Engineering and System Safety. 2008, 93:

1354-1368.

[32] F.W. Lane et al. The Effect of Oil Pollution on Marine and Wild Life. [J]. U.S. Commnr. Fish. 1925: 5-11.

[33] G. Hardin. The Tragedy of the Commons. Science, New Series. 1968, 162(3859): 1243-1248.

[34] G. Heal. Valuing Ecosystem Services, Money [J]. Economics and Finance. 1999, 1: 1-10.

[35] G. B. Assaf et al. Nomarket Valuations of Accidental Oil Spills: A Survey of Economic and Legal Principles [J]. Marine Resource Economics. 1986, 2(1): 211-237.

[36] G. Psarros et al. Risk Acceptance Criterion for Tanker Oil Spill Risk Reduction Measures [J]. Marine Pollution Bulletin. 2011, 62: 116-127.

[37] G. C. Daily et al. Ecosystem Services in Decision Making: Time to Deliver[J]. Frontiers in Ecology and the Environment. 2009, 7 (1): 21-28.

[38] G. C. Daily, P. A. Matson. Ecosystem Services: from Theory to Implementation [J]. Proceedings of the National Academy of Sciences of the United States of America. 2008,105(28): 9455-6.

[39] H. N. Psaraftis et al. Optimal Response to Oil Spills: The Strategic Decision Case [J]. Operations Research. 1986, 34(2): 203-217.

[40] H. S. Gordon. The Economic Theory of a Common-Property Resource: the Fishery [J]. Journal of Political Economy. 1954, 62(2): 124-142.

[41] H. E. Daly. How Long Can Neoclassical Economists Ignore the Contributions of Georgescu-Roegen? [A]. in: H. E. Daly. Ecological Economics and Sustainable Development, Selected Essays of Herman Daly [C]. Massachusetts: Edward Elgar Publishing, Inc. 2007: 125-137.

[42] H. E. Daly. On Economics as a Life Science [J]. Journal of Political Economy. 1968, 76(3): 392-406.

[43] H. S. Ellis, W. Fellner. External Economies and Diseconomies [J]. The American Economic Review. 1943, 33(3): 493-511. http://nature.berkeley.edu/classes/ecosystemology/what% 20is% 20ecosystemology.pdf. 2014-6-9.

[44] I. C. White, F. C. Molly. Factors Determine the Cost of Oil Spills [R]. Vancouver: International Oil Spill Conference. 2003.

[45] I. C. White, J. A. Nichols. The Cost of Oil Spills [R]. San Antonio: Oil Spill Conference. 1983.

[46] IMO. International Shipping Facts and Figures-Information Resources on Trade, Safety, Security, Environment [R]. Maritime Knowledge Centre. 2012.

[47] I. Schumacher, E. Strobl. Economic Development and Losses Due to Natural Disasters: The Role of Hazard Exposure [J]. Ecological Economics. 2011, 72: 97-105.

[48] I. Cunha et al. Management of Contaminated Marine Marketable Resources After Oil and HNS Spills in Europe [J]. Journal of Environmental Management. 2014, 135: 36-44.

[49] J. E. Meade. External Economies and Diseconomies in a Competitive Situation [J]. The Economic Journal. 1952, 62(245): 54-67.

[50] J. F. Caddy, J. C. Seijo. This Is More Difficult than We Thought! The Responsibility of Scientists, Managers and Stakeholders to Mitigate the Unsustainability of Marine Fisheries [J]. Philosophical Transactions: Biological Sciences. 2005, 360(1453): 59-75.

[51] J. H. Orton. Possible Effects on Marine Organisms of Oil Discharged at Sea [J]. Nature, Lond. 1925: 910-911.

[52] J. S. Gosselink et al. The Value of Tide Marshes [R]. Baton Rouge: Louisiana State University. 1974.

[53] J. S. Gutsell. Danger to Fisheries from Oil and Tar Pollution of Waters [R]. Rep. U.S. Commnr. Fish. 1921: 7-8.

[54] J. Montewka et al. A Probabilistic Model Estimating Oil Spill Clean-up Costs- A Case Study for the Gulf of Finland [J]. Marine Pollution Bulletin. 2013, 76: 61-71.

[55] J. Boyd. Lost Ecosystem Goods and Services as a Measure of Marine Oil Pollution Damages [R]. Washington: Resources for Future. 2010.

[56] J. B. C. Jackson. Ecological Extinction and Evolution in the Brave New Ocean [J]. In the Light of Evolution II: Biodiversity and Extinction. 2008, 105: 11458-11465.

[57] J. Rouquette. Valuation of ecosystem services in the Nene Valley Nature Improvement Area [R]. Available at: http://www.nenevalleynia.org/wp-content/uploads/2015/03/Valuation-of-ecosystem-services-in-the-Nene-Valley-NIA.pdf. 2015-1-13.

[58] J. Harper et al. Costs Associated with the Cleanup of Marine Oil Spills [R]. California: Oil Spill Conference. 1995.

[59] J. Honey-Roses, L. Pendleton. A Demand Driven Research Agenda for Ecosystem Services [J]. Ecosystem Services. 2013, 5: 160-162.

[60] J. Helander. Maritime Oil Spill Risk Assessment for Hanhikivi Nuclear Power Plant [R]. Honolulu: PSAM, 2014.

[61] K. R. Clarke, R. M. Warwick. Quantifying Structural Redundancy in Ecological Communities [J]. Oecologia. 1998, 113(2): 278-289.

[62] K. N. Aroh et al. Oil Spill Incidents and Pipeline Vandalization in Nigeria [J]. Disaster Prevention and Management. 2010, 19(1): 70-87.

[63] K. E. Boulding. Is Economics Necessary? [J]. The Scientific Monthly. 1949, 68(4): 235-240.

[64] K. E. Boulding. The Economics of the Coming Spaceship Earth [A]. In: H. Jarrett Environmental Quality in a Growing Economy [M]. Baltimore: Johns Hopkins University Press. 1966: 3-14.

[65] K. K. Zander et al. Trade-offs between Development, Culture and Conservation-Willingness to Pay for Tropical River Management among

Urban Australians [J]. Environmented management 2010, 91: 2519-2528.

[66] L. D. Wood. Requiring Polluters to Pay for Aquatic Natural Resources Destroyed by Oil Pollution [J]. Natural Resources Lawyer, 1976, 8(4): 545-609.

[67] L. G. Anderson. The Relationship between Firm and Fishery in Common Property Fisheries [J]. Land Economics. 1976, 52(2): 179-191.

[68] M.C. G. Negro et al. Compensating System for Damages Caused by Oil Spill Pollution: Background for the Prestige Assessment Damage in Galicia, Spain [J]. Ocean & Coastal Management. 2007, 50: 57-66.

[69] M. Allò, M. L. Loureiro. Estimating a Meta-damage Regression Model for Large Accidental Oil Spills [J]. Ecological Economics. 2013, 86: 167-175.

[70] M. Johnson. Wicksell and the Scandinavian and Public Choice Traditions [J]. International Journal of Social Economics. 2011, 38(7): 584-594.

[71] M. A. Cohen. A Taxonomy of Oil Spill Costs: What are the Likely Costs of Deepwater Horizon Spill? [R]. Washington D. C.: Resources for the Future, 2010.

[72] M. A. Cohen. Oil Pollution Prevention and Enforcement Measures and Their Effectiveness: a Survey of Empirical Research from the U.S. [R]. Nanjing: International Conference on Marine (Oil) Pollution: Legal Remedies in China, Europe and the U.S. 2004.

[73] M. Reed et al. Oil Spill Modeling towards the Close of the 20th Century: Overview of the State of the Art [J]. Spill Science & Technology Bulletin. 1999, 5(1): 3-16.

[74] M. Ikefuji, R. Horii. Natural Disasters in a Two-sector Model of Endogenous Growth [J]. Journal of Public Economics. 2012, 96: 784-796.

[75] MEPC. Formal Safety Assessment [R]. Available at: http://www.martrans.org/documents/2009/sft/MEPC%2060-17.pdf. 2009-1-36.

[76] M. Shahriari, A. Frost. Oil Spill Cleanup Cost Estimation — Developing a Mathematical Model for Marine Environment [J]. Process Safety and Environment Protection. 2008, 86: 189-197.

[77] M. W. Ingraham, S. G. Foster. The Value of Ecosystem Services Provided by the U.S. National Wildlife Refuge System in the Contiguous U.S. [J]. Ecological Economics. 2008, 67: 608-618.

[78] M. Hammer et al. Diversity Change and Sustainability: Implications for Fisheries [J]. Ambio. 1993, 22(2/3): 97-105.

[79] N. A Dowling et al. Assessing Opportunity and Relocation Costs of Marine Protected Areas Using a Behavioural Model of Longline flee dynamics [J]. Fish and Fisheries. 2012, 13: 139-157.

[80] N. Georgescu-Roegen. Economic Theory and Agrarian Economics [J]. Oxford Economic Papers, 1960, 12 (1): 1-40.

[81] N. Georgescu-Roegen. The Entropy Law and the Economic Process [M]. Massachusetts: Harvard University Press. 1971.

[82] N. Georgescu-Roegen. 1965. Process in Farming Versus Process in Manufacturing: a Problem of Balanced Development [A]. In: Papi, U., Nunn, Ch. (Eds.). Economic Problems of Agriculture in Industrial Societies [C]. London: Macmillan. 497-528.

[83] O. Adewale. Oil Spill Compensation Claims in Nigeria: Principles, Guidelines and Criteria [J]. Journal of African Law. 1989, 33(1): 91-104.

[84] O. Schachter, D. Serwer. Marine Pollution Problems and Remedies [J]. The American Journal of International Law. 1971, 65(1): 84-111.

[85] P. D. Holmes. A Model for the Costing of Oil Spill Clearance Options at Sea [R]. Oil Spill Conference. 1977.

[86] P. Nunes et al. The Economic Valuation of Marine Ecosystems [R].

Nota do Lavaro: Fondazione Eni Enrico Mattei, Sustainable Development Series. 2009.

[87] P. Friis-Hansen, O. Ditlevsen. Nature Preservation Acceptance Model Applied to Tanker Oil Spill Simulations [J]. Structure Safety. 2003, 25: 1-34.

[88] R. G. J. Shelton. Effects of Oil and Oil Dispersants on the Marine Environment [J]. Biological Sciences. 1971, 177(1048): 411-422.

[89] R. Lusky. Consumers' Preferences and Ecological Consciousness [J]. International Economic Review. 1975, 16(1): 188-200.

[90] R. Chuenpagdee et al. Environmental Damage Schedules: Community Judgments of Importance and Assessments of Losses [J]. Land Economics. 2001, 77(1): 1-11.

[91] R. B. Howarth, S. Farber. Accounting for the Value of Ecosystem Services [J]. Ecological Economics. 2002, 41: 421-429.

[92] R. C. Bishop, M. P. Welsh. Existence Values in Benefit-Cost Analysis and Damage Assessment [J]. Land Economics. 1992, 68(4): 405-417.

[93] R. T. Carson. Contingent Valuation: A Practical Alternative when Prices Aren't Available [J]. The Journal of Economic Perspectives. 2012, 26(4): 27-42.

[94] R. Constanza et al. The Value of Ecosystem Services: Putting the Issues in Perspective [J]. Ecological Economics. 1998, 25: 67-72.

[95] R. Constanza, B. C. Patten. Difining and Predicting Sustainability [J]. Ecological Economics. 1995, 15: 193-196.

[96] R. Costanza et al. The Value of the world's Ecosystem Services and Natural Capital [J]. Nature. 1997, 387: 253-260.

[97] R. Costanza. Ecological Economics: Reintegrating the Study of Humans and Nature [J]. Ecological Applications. 1996, 6(4): 978-990.

[98] R. Costanza. Embodied Energy and Economic Valuation [J]. Science, New Series. 1980, 210(4475): 1219-1224.

[99] R. Costanza. The Early History of Ecological Economics and the International Society for Ecological Economics [R]. ISEE. 2003.

[100] R. Muradian et al. Reconciling Theory and Practice: an Alternative Conceptual Framework for Understanding Payments for Environmental Services [J]. Ecological Economics. 2010, 69: 1202-1208.

[101] S. Maynard et al. Determining the Value of Multiple Ecosystem Services in Terms of Community Wellbeing: Who Should be the Valuing Agent? [J]. Ecological Economics. 2015, 115: 22-28.

[102] S. S. Batie, J. R. Wilson. Economic Values Attributable to Virginia's Costal Wetlands as Inputs in Oyster Production [J]. Southern Journal of Agricultural Economics. 1978, 7: 111-118.

[103] S. Levy. Catch Shares Management [J]. BioScience. 2010, 60(10): 780-785.

[104] S. M. Muty. Externalities: A General Equilibrium Analysis [D]. University of California Riverside. 2003.

[105] T. H. Möller et al. Comparative Costs of Oil Spill Cleanup Technique [R]. Baltimore: Oil Spill Conference. 1987.

[106] T. A.Grigalunas et al. Estimating the Cost of Oil Spills: Lessons from the Amoco Cadiz Incident [J]. Marine Resource Economics. 1986, 2(3): 239-262.

[107] T. Scitovsky. Two Concepts of External Economies [J]. Journal of Political Economy. 1954, 62(2) 143-151.

[108] V. P. Goldberg. Recovery for Economic Loss following the Exxon "Valdez" Oil Spill [J]. The Journal of Legal Studies. 1994, 23(1): 1-39.

[109] W. C. Allee et al. Principles of Animal Ecology [R]. Philadelphia and London: W. B. Saunders Company. 1949.

[110] W. M. Hanemann, Ivar E. Strand. Natural Resource Damage Assessment: Economic Implications for Fisheries Management [J].

American Journal of Agricultural Economics. 1993，75(5)：1188-1193.

[111] W. E. Westman. How much are Nature’s Services Worth? [R]. Science. 1977，197：960-964.

[112] W. E. Wagner. Commons Ignorance：The Failure of Environmental Law to Produce Needed Information on Health and the Environment [J]. Duke Law Journal. 2004，53(6)：1619-1745.

[113] W. Pfennigstorf. Environment，Damages，and Compensation [R]. American Bar Foundation Research Journal. 1997，4(2)：349-448.

[114] X. Liu，K. W. Wirtz. The Economy of Oil Spills：Direct and Indirect Costs as a Function of Spill Size [J]. Journal of Hazardous Materials. 2009，171：471-477.

[115] X. Liu，K. W. Wirtz. Total Oil Costs and Compensations [J]. Maritime Policy & Management. 2006，33(1)：49-60.

[116] Y. S. Kim et al. Environmental Consequences Associated with Collisions Involving Double Hull Oil Tanker [J]. Ships and Offshore Structures. 2015，3：1-9.

[117] Y. Yamada. The Cost of Oil Spills from Tankers in Relation to Weight of Spilled Oil [J]. Marine Technology. 2009，46(4)：219-228.

[118] [美] 蕾切尔·卡逊著.吕瑞兰、李长生译.《寂静的春天》[M].北京：学苑音像出版社，2005.

[119] 毕晓丽，葛剑平.基于IGBP土地覆盖类型的中国陆地生态系统服务功能价值评估[J].山地学报.2004，22(1)：48-53.

[120] 曹祥明.海上溢油对自然环境的影响[J].交通环保.1984，6：98-104.

[121] 陈源泉.生态系统服务价值的市场转化问题初探[J].生态学杂志.2003，22(6)：77-80.

[122] 高振会等.海洋溢油对环境与生态损害评估技术及应用[M].北京：海洋出版社.2005.

[123] 高振会等.海洋溢油生态损害评估的理论、方法及案例研究[M].北京：海洋出版社.2007.

[124] 耿兆栓等.溢油和含油污水对舟山海域水质影响的数值分析[J].水动力学研究与进展.1991,A(6):46-54.

[125] 何浩等.中国陆地生态系统服务价值测量[J].应用生态学报.2005,16(6):1122-1127.

[126] 桓曼曼.生态系统服务功能及其价值综述[J].生态经济.2001,12:41-43.

[127] 黄文怡.基于 REA 的近岸海域溢油对海洋生态系统服务功能损害评估[D].厦门:厦门大学.2014.

[128] 贾欣.海洋生态补偿机制研究[D].青岛:中国海洋大学.2010.

[129] 李京梅,曹婷婷.HEA 方法在我国溢油海洋生态损害评估中的应用[J].中国渔业经济.2011,29(3):80-86.

[130] 李喜霞,吕杰.生态系统服务功能经济评价的主要技术方法评析[J].辽宁林业科技.2006,3:33-36.

[131] 廖国祥等.基于 RDBMS 的海洋溢油生物资源损害评估空间数据库研究[J].海洋环境科学.2011,30(5):728-731.

[132] 刘爱菊等.石油污染对海洋生态系统的影响[J].海岸工程.1995,14(4):61-65.

[133] 刘伟峰.海洋溢油污染生态损害评估研究[D].青岛:中国海洋大学.2010.

[134] 刘玉龙等.生态系统服务功能价值评估方法综述[J].中国人口、资源和环境.2005,15(1):88-92.

[135] 欧阳志云等.中国陆地生态系统服务功能及其生态经济价值的初步研究[J].生态学报.1999,19(5):607-613.

[136] 千年生态系统评估(MA).张永民译.生态系统与人类福祉:评估框架[M].北京:中国环境科学出版社.2006.

[137] 孙玲等.大丰市滩涂生态系统服务价值评估[J].农村生态环境.2004,20(3):10-14.

[138] 田立杰等.海洋油污染对海洋生态环境的影响[J].海洋湖沼通报.1999,2:65-69.

[139] 王金平等.国际生态系统研究发展态势文献计量分析[J].地球科学进展.2010,25(10):1107-1108.

[140] 武立磊.生态系统服务功能经济价值评价研究综述[J].林业经济.2007,3：42-46.

[141] 谢高地等.全球生态系统服务价值评估研究进展[J].资源科学.2001,23(6)：5-9.

[142] 辛琨,肖笃宁.生态系统服务功能研究简述[J].中国人口、资源和环境.2000,10(3)：20-22.

[143] 徐丛春,韩增林.海洋生态系统服务价值的估算框架构筑[J].生态经济.2003,10：199-202.

[144] 杨建强等.海洋溢油生态损害快速预评估模式研究[J].海洋通报.2011,30(6)：702-707.

[145] 杨寅等.海洋溢油生态损害的简易评估和综合评估方法[J].台湾海峡.2012,31(2)：286-291.

[146] 于桂峰.船舶溢油对海洋生态损害评估研究[D].大连：大连海事大学.2007.

[147] 约翰·伊特韦尔等编.新帕尔格雷夫经济学大辞典(第二卷)[M].北京：经济科学出版社.1996：172.

[148] 张雯.我国海洋溢油生态损害赔偿的研究——以大连7.16事件为例[D].大连：大连理工大学.2014.

[149] 赵桂慎等.生态系统服务功能价值测算的研究进展、问题及趋势[J].生态经济.2008,2：100-103.

[150] 赵剑强,邓顺熙.溢油影响评价及其清除决策[J].交通环保.1996,1：11-16.

[151] 赵晟等.中国红树林生态系统服务的能值价值[J].资源科学.2007,29(1)：147-154.

[152] 周玲玲.溢油对海洋生态污损的评估及指标体系研究[D].青岛：中国海洋大学.2006.

[153] 朱泽生,孙玲.东台市滩涂生态系统服务价值研究[J].应用生态学报.2006,17(5)：878-882.

后　　记

当论文终于结束，写下这篇后记之时，回首求学之路，心中不禁升起万千感慨，似乎应该多写点东西，却又不知道应该从哪里写起。

中国文人多受儒家“内圣”“外王”思想之影响，学习不仅仅是为了“修身”，而且还要有“平天下”的胸怀和气魄。子夏的“学而优则仕”便成了多数文人的座右铭，而且，纵观中国历史，文人是形成官僚集团的最大力量，文人间的相互倾轧往往是朋党之争的根源。自北宋以降，这种现象日渐突出，文人与政治的联系日益紧密，借助于权力树立个人声誉、打击异己则成为一种最有效的方法，朱熹晚年的遭遇恰恰说明，再高的学术声望也不是权力的对手。文人之于权力犹如瘾君子之于鸦片，明知有害，却很偏爱。

时至今日，中国文人愿为帝王师的梦想并没有随着历史的进步而消失，在官阶制度之下都在期望自己能够矗立在“塔尖”之上。欧洲文艺复兴在中国的影响微乎其微，中国文人仍然走在千百年以来而形成的老路上，路径依赖日益强化。

尽管有时迷茫，我自认自己还是一个理想主义者，对知识仍然保持着一份敬畏。自 2004 年硕士研究生毕业之后，我就在思考读博的问题，为什么读，读什么，在哪里读，怎么读。在长达 7 年的考博过程中，这些问题一直困扰着我。我报考过多所学校，也曾获得过多次面试机会，但似乎每一次面试，对方都不会留下太好的印象。

《大学》中记载，“大学之道，在明明德，在亲民，在止于至善。”梅贻琦说：“所谓大学者，非谓有大楼之谓也，有大师之谓也。”因此，如大学者，其目的应在“修身”，走近大师，聆听教诲。然而，今日之高校，建筑之气派，大师之稀缺，似亘古未遇，而大学愈发像一所职业技术培训所。

在复旦，我很幸运地遇到了我的恩师——唐朱昌教授，与唐老师相处的五年，是非常融洽和幸福的五年。老师为人正直，知识渊博，难能可贵的是，老师仍然保持着一种文人的骨气与传统中国文人的家国情怀。老师为人宽容，对学生要求却又不失严格。老师的宽容使我有很多时间去各个学院"蹭课"，这种"蹭课"使我视野开阔。老师的严格则表现在我博士论文的写作过程中，从开题到最终定稿，讨论不计其数；从初稿到终稿，五易其稿，每稿上面，老师都密密麻麻地写满了修改意见。

在复旦，我深深地感受到师生之间的浓情。在我论文写作期间，陈建安教授、丁纯教授都给予了我悉心的指导，提出了许多宝贵的意见。记得刚开题时，陈、丁两位教授都对选题表示了担忧，其对学生的关切之情溢于言表。而在预答辩的时候，两位教授给予我巨大的鼓励，使我非常感动。

与志同道合的朋友谈天说地乃人生一大乐趣。在复旦，我遇到了几位志同道合者：陈飞、洪全铭、梁振和赵冠弢。我从与他们"侃大山"的过程中获益匪浅。我同门的杨丽华师姐、霍明师兄和任品师妹在我5年的求学过程中，给予了巨大的帮助。在此，我对他们表示衷心的感谢。

感谢凡德比特大学(Vanderbilt University)的Mark A. Cohen教授和中科院烟台海岸带可持续发展研究所的刘欣研究员，当我发给他们寻求帮助的邮件时，他们无私地把资料提供给我。

最后，感谢我的家人，是他们一路陪伴我至今。五年来，我的爱人姜波不仅要工作，而且要全心全意地照顾我和儿子，没有她的支持，我是无法完成博士研究生的学业的。在这五年中，我的父母及岳父母给予了我莫大的支持，当我们夫妻忙不过来的时候，他们总是毫无怨言地不远千里从山东老家赶到上海帮我们照顾小家。儿子，感谢你，是你给了我不断进步的动力。

2017年6月23日

于上海行知学院

图书在版编目(CIP)数据

海上溢油生态损害的经济补偿研究/吴清峰著. —上海: 复旦大学出版社,2017.9
ISBN 978-7-309-13122-2

Ⅰ. 海… Ⅱ. 吴… Ⅲ. 海上溢油-污染防治-补偿机制-研究 Ⅳ. X55

中国版本图书馆 CIP 数据核字(2017)第 174946 号

海上溢油生态损害的经济补偿研究
吴清峰　著
责任编辑/戚雅斯

复旦大学出版社有限公司出版发行
上海市国权路 579 号　邮编: 200433
网址: fupnet@fudanpress.com　http://www.fudanpress.com
门市零售: 86-21-65642857　团体订购: 86-21-65118853
外埠邮购: 86-21-65109143　出版部电话: 86-21-65642845
江苏凤凰数码印务有限公司

开本 787×960　1/16　印张 12.75　字数 185 千
2017 年 9 月第 1 版第 1 次印刷

ISBN 978-7-309-13122-2/X·28
定价: 28.00 元